津田正夫
TSUDA Masao

ドキュメント「みなさまのNHK」

公共放送の原点から

現代書館

ドキュメント「みなさまのＮＨＫ」目次

はじめに

「真実の中には、より多くの美しさがあるんだよ。たとえそれが、恐ろしい美しさであってもな」。ジェームズ・ディーン主演の映画『エデンの東』（一九五五年、アメリカ。原作：ジョン・スタインベック）の、この殺し文句に惹かれた人は、少なくないだろう。ぼくも「真実」という古典的で甘い言葉に恋をし、隠された真実を探り当てる「正義の仕事」をしたいと、NHKに吸い寄せられていった一人だ。しかし昨今、政権の「電波の停止」などという、自由主義・民主主義国家とは到底信じられない露骨な脅しに反論しないばかりか、この四月には、原発報道などで「いろいろ専門家の意見を伝えても、いたずらに不安を与えるので、当局発表の公式見解を伝えるべきだ」という会長の指示を出すNHKを見ていて、そのニュースが公平な真実だと信じる人はもはや少ないだろう。

こうした、時代を巻き戻すかのような反知性主義、反近代主義の噴出は、必ずしも安倍政権の日本だけの現象ではない。やや強引に言えば、アメリカ大統領選挙でのトランプ陣営の過激な振る舞いに熱狂する人々、ヨーロッパの反移民・反イスラムの過激な右派政党の進出や暴力などにも共通する部分がある。グローバリズムが作りだした、社会的な格差の拡大、構造的な暴力、社会の深刻な分裂を示している。そして、二〇一五年の「シャルリー・エブド」事件では、ヒステリックなまでに排外主義的なキャンペーンを展開した、EUを中心とする〝自由世界〟のマスメディアは、「言論・表現の自由」に一方的に宗教的な意味を持たせ、事実上、高所得層の既得権を擁護する自由に矮小化してしまった。一瞬、感動的に見えたEU首脳部によるパリでの連帯デモは、ロングに引いたカメラによって、その薄っぺらさが見えてしまった。もとより、ぼくは良心の自由、言論・表現の自由は権力によっていささかも制限されるべきではないと確信しているし、フランスは最も果敢に宗教権力と闘ってきた国であることは知っている。しかしそれは強い権力に対してのものであるべきで、社会的なマイノリティや、言語・文化を異にする人たちに対して無条件に主張されるべきではない。翻って日本のNHKやジャーナリズムは、今〈権力を監視する意志〉、〈真実を追求する倫理や矜持〉を、どこまで堅持しているだろうか。

今、危うい瀬戸際にあるNHKだが、日本人はどれくらい意識したり、コンタクトしているのだろうか。NHKウェブサイトによれば、二〇一四年度に視聴者・市民からの意見や批判、問い合わせは四〇五万件近くあったと報告されている（『NHK視聴者ふれあい報告書二〇一五』。前年は三九三万件）。四〇〇万という意見は、膨大だ。一日一万件以上だ。かつて、当番で視聴者からの「電話受け」をした経験で言うと、再放送や使われた音楽の問い合わせなどが多く、批判・苦情の比率は多くはない。しかし批判・苦情を含めて、NHKには視聴者・市民からの期待が大きい。NHKの話題は、年配者には馴染み深いのだ。

意見の受付方法を見ると、八五％までが電話で、一〇％がメールやツイッターなどネットによる。意見・問い合わせのジャンルは、受信料関連が五六％、放送内容が三二％で、合計九割を占める。受信料関連と言っても、そこには番組・ニュースへの批判・苦情と関連する受信料問題も含まれるだろう。ストレートに経営のあり方を問うものは、二万件を超える。週間や月間の報告もあり、番組への「よかった意見」「厳しい意見」、籾井会長の言動に対する批判意見もかなり詳しく載っている。例えば、去年九月の番組「日曜討論 安保法成立 日本政治の行方を問う」に対しては、四〇五件の意見のうち「厳しい意見」が七〇%だったという。安保関連報道の、政権寄りのスタンスに対する厳しい風当たりを、NHK自身もかなり意識していることが分かる。

この簡単な年間の数字から、以下のことが推察できる。まずNHKに対して、「電話をかける、対話で意見を言う」スタイルの人たちが圧倒的に多いこと。今の若い人たちは、知らない人に電話をかける習慣がほとんどないから、NHKへの電話の大半が高齢者だろう。その人たちは、今もNHKに対する期待や幻想がとても大きいこと、NHKの番組やニュースへの意見を通じて、政治や社会に対する意見を表明しているらしいこと、などである。OBであるぼくでも〝止むに止まれず〟あるいは〝OBとしての責任感〟から電話するときもある。名前を名乗り、できるだけ資料を整えて冷静に話しても、ほとんど形式的なやりとりに終わり、がっかりするのがオチだ。あまり公表されていないが、右翼系団体やネトウヨからの抗議・デモ・受信料不払い運動も相当あるようだ。

つまり、高齢者層にとっては自由にモノが言える公共機関として、NHKの存在感が強い。ぼくも含めた高齢者には、「みなさまのNHK」が生き生きした公共圏だった記憶が、しっかり残っている。今の会長や幹部はいかがわしいとしても、優れた番組や、その制作者たち、公共放送を支えることが、社会の発展につながるに違いないという強い期待、あるいは淡い幻想を抱いている。こういう高齢日本人を中心とする公共心が、さまざまな不祥事にもかかわらず、ＮＨＫを下支えしているのだろう。

放送の公共性の解釈は多様だが、専門家の国際的な基準では、経営においても取材・編集においても、「独立性・透明性・公平性・多様性・参加性などの原則」が保たれることによって、「社会の民主的基盤が保障される」と合意されてきた。特に社会の基礎的な情報であるニュースや報道の基本的な枠組みに、どこまで政治的・経済的・宗教的な独立が貫かれているかが決定的に重要だ。放送法の目的に「不偏不党、真実、自律」が強調される所以だ。さらに具体的には、「放送の公共性」は、「誰もが平等に受信できること」「内容が公正・公平であること」「権力を監視・批判する自覚と責任があること」「言論・表現の多様性が保障されていること」「次世代やコミュニティの育成」などの放送内容の公共性と、「放送制度が多元的であること」「経営が民主的であること」「公共料金もしくは善意のスポンサーで維持されていること」「視聴者・市民に参加の権利があること」など、事業の仕組みの公共性が必要条件だと、多くの歴史や研究が証明してきた。

しかし、この公共性の精神や原則、それへの視聴者・国民の合意や期待は、今大きく揺れ動いている。高市総務大臣らは、「公正・公平を判断するのは総務省だ」と法的な根拠もなく強弁し、放送法の「自律」の原則を破って、違法な「厳重注意処分」を強行し、停波の可能性にまで言及する。明らかな放送法違反であり、職権濫用である。長い間、国会でのＮＨＫ予算審議は、全会一致で可決されてきたが、現在の会長が就任して以降、その「良き慣例」は崩れてしまっている。

ＮＨＫに拾ってもらった頃のぼくは、我が家にさまざまな厄災をもたらした戦争指導層への反発心が強く、その背後にあった家族制度や封建制度を改革したいという意欲にあふれていた。「ネイティブ戦後世代」として言論・表現の自由を愛し、民主主義という活きのいいロバに跨り、アンシャンレジームの風車に立ち向かったつもりだ。だが、大小数百本の報道番組作りに携わる中で、一方で政治的限界も味わったが、他方で何よりもぼく自身の取材力の不足、問題意識の浅さから、結果的に未完のまま多くの放送を重ねてきた。その痛恨の感覚が、心の底に根雪のように積もってきた。

特に世界が激変していった時期とも重なる一九八〇年代から九〇年代にかかる時代は、日本の公共放送が根本から変質していった最大のエポックだったと、今にして思う。しかし、ぼくは八〇年代が歴史的にどんな意味を持っていたのか、そのころ企画・制作したそれぞれの番組が、社会的／文化的にどんな役割を果たしたのか、情けないことに自分自身で摑めていなかった。その意味を問い詰めていく知識や姿勢が、基本的に欠けていたのだ。多くのスタッフや受信料がつぎ込まれながら、それぞれの番組がその時代に放つべきメッセージと役割についての認識が甘かった、という悔恨が深い。その認識の甘さによって、取材現場で出会った多くの人たちがもどかしく表現しようとしていた多くの「真実」、テレビで伝えたかったメッセージを、必ずしもうまく伝えられず、自分やＮＨＫに「都合のいいストーリー」や「都合のいい真実」に歪めてしまったのではないか、という悔恨だ。

例えば、北朝鮮まで同行し、数十年ぶりの劇的な家族再会を撮影させていただいたＫさん・Ｙさんのこと、「叛乱の季節」の中で暴れていた中学生番長たちのリーダーだったA君や、それを見守り育てていたK先生たちのこと、悪質商法に翻弄されながら闘ったAさんは、本当は何を伝えたかったのだろうか。そうした大切な人たちの放送後の様子を知りたかったが、ついに〝それきり〟になってしまったのがほとんどだ。取材させてもらった一人ひとりのかけがえのない人生、それぞれのひたむきな問いかけと反応、そうした対話の往還によって視えなかった小さな真実が現れ、社会的に共有され、それぞれのアイデンティティが回復されていく。そのためにこそ、「みなさまのNHK」はあるべきはずだった。さまざまな物語が、完結しないでぼくの中に漂っている。遅きに失するものの、再度自分の仕事の作法、NHKの報道番組や公共放送の様式をも問い直してみなくては、と考え続けてきた。

しかしこの小さな検証作業を始めた時期は、結果的にちょうど安倍政権が、国家主義的な諸政策を強権的に進めた時期に重なった。「放送の停波」「沖縄の新聞廃刊」などの言葉を振りかざして、批判的なメディアを威圧して服従を迫り、TBS以外の放送局が次々沈黙していく風景が繰り返されるようになってきた。戦後営々と築かれてきた、平和、民主主義、人権、言論・表現の自由、検閲の禁止といった、憲法に示された公共的な土台が、ガラガラと崩れていく。公共放送NHKのニュースから、炉心溶融のように公共性が溶け出し、政治的広報権力に再編されていくのを見るのは、実に心が痛む。しかしよく考えれば、「時期がちょうど重なった」のではなく、ジャーナリズム内部の崩壊が進んだ結果、今、こうなるべくしてなっているのではないか。現場で三〇年近くを過ごしたぼくは、自身のアイデンティティを根本から崩されるように切迫した想いでもあるし、今、現場で抵抗する人たちの苦悩を想わざるを得ない。いつからこうなったのかと振り返るとき、あの一九八〇年代こそが、テレビジャーナリズムの内部崩壊の一つの転換点だったのではないかと、痛感する。この本では、そこを抉り出したい。

今、多くの研究者やジャーナリスト、社会運動家たち、BPO（放送倫理・番組向上機構）などが、政府の言論介入を鋭く告発している。同時に、徐々に権力に屈していくNHKやテレビ局への批判も厳しい。多くの批判はその通りだが、微妙に引っかかる議論が時々ある。「NHKは国家権力の手先だ」という、分かりやすいストーリーに導こうとする空気は、かつてのぼくの番組作りに似ているのだ。こうしたステレオタイプの告発は、制作現場の苦闘には届かないな。あるいはもともとマスメディアに期待や幻想をもっていない若い人たちの視野に入らないなあと、はがゆく思う。それはなぜだろうか。取材現場でギリギリ悩み、せめぎ合い、妥協しながら表現している人たちのリアリティに対し、批判する側が性急に、イデオロギー的に切り捨てるのはどうしても違和感がある。上から目線の特権的な命令用語・発想で論じている社説などが典型的だ。活字ジャーナリストの多くが「放送の公共性」に対する主観的な願望や不満を述べるが、映像表現と活字表現の文化の違いに気付かなかったり、自らの特権的な立場への省察がない昔ながらの正義論では、表現現場との対話は難しいだろう。

ぼくはNHK退職後、長い間、学生に対するメディア教育やジャーナリズム教育を試行錯誤し、少なくない学生がマスメディアに就職していった。しかし近年の学生・若者は、メディアへの興味を急速に失っていることを痛切に実感している。それは全国のメディア系教師の常識だろう。社会的に孤立してしまっている学生たちは、自己肯定感がもてない。新聞もテレビにも関心がないし、他人とのコミュニケーションが難しい。選挙に行く意味がほとんど分からない。天下国家を論じるメディアやジャーナリズムは、こうした若者の感覚や不安にほとんど関心がないと言っていい。ぼくも含めて、マスメディアの従事者たちの所得が安定していたからだろう。そもそも日本の教育投資は、世界で最低水準であることが、ＯＥＣＤ（経済協力開発機構）からも何回も指摘されてきた。若者に対してのみならず、非正規労働者、母子家庭、貧困高齢層、障害者、在日外国人など社会的なマイノリティが置かれている、さまざまな「構造的暴力」「構造的な格差と貧困」に無感覚になりがちだ。特権的な正義論、既得権に寄りかかったジャーナリズムが、ジャーナリストの腐敗をおびき寄せてきたのではないか。そういう無神経さは、しばしば中高年の男性中心の権威的な報道に発生しがちなのではないか。ＮＨＫニュースに漂う胡散臭さは、政治的な偏りはもとより、この腐敗臭にあるのではないのか。

今、ぼく自身に最も必要なことの一つは、自分が身に付けてきた仕事の習慣や固定観念、特権的に振る舞ってきた姿勢や価値観に対する検証のようだ。ぼく自身は、結果的に公共放送を舞台にした「特権的なメディア人」として生きてきたのだが、その痛恨の体験の中から、多少は反面教師にできそうなテーマを、恥の上塗りを承知で振り返り、できるだけ現場に即して、八〇年代の「公共放送の変質」の意味を再考してみようと思う。

冷戦終結という世界史的な転換期を迎えつつあった八〇年代は、新自由主義やイノベーションなどをキーワードとして、グローバリズムが巨大な姿を現してくる時期だ。テレビの世界でも、カメラの小型化、衛星放送の実用化、インターネットの誕生など、情報通信の飛躍的な進化が波状的に起こり、情報はグローバル化していく。メディア間の競争はとめどもなく激しくなっていき、あらゆる旧来の文化や価値観が様変わりしていく。一概に「メディアが悪くなった／良くなった」という物差しでは測れないのだが、職場の慣習や環境も、ジャーナリズムの倫理と論理も、根本から変質していった。この巨大なエポックを総合的に描くことはできないが、公共放送をめぐる次の三つの局面を、ぼくの体験と視点からデッサンしてみたい。

第一部は、劇的に変容した番組の制作環境のレポートだ。そのころＮＨＫもさまざまな改革を模索していた。ニュースや報道系番組に限らず、教養番組やドラマでもあらゆる試行錯誤があり、経営原理である「公共性」も、時代変化の中で翻弄されてきた。こうした中で体験した〈ニュースや公共性の商品化〉の様子を、改めて見直してみる。番組での社会的テーマを語るためではなく、社会の変容がＮＨＫの報道現場にどのような形で現れたか、現場がどのように時代と対応しようとし、何が成果として実り、何が課題となったのか、ＮＨＫの公共性とは何かを考えたい。

第二部では、報道番組の制作現場でぼくが苦悶したいくつかのケースを振り返りながら、〈メディアと権力がせめぎ合う吃水線〉のようなものを描きたいと思う。権力とは政府からの暗黙の指示のことだけではない。政治的・文化的なヘゲモニー（主導権）を争いながら、権力を編み上げていく多様な人々やその組織の振る舞い、支配的な空気をニュースや番組に浸透させようとする、ＮＨＫの内なる欲望、権力迎合的な論理のことだ。イタリアの思想家・グラムシ風に言えば、「権力による強制された同意」が、ＮＨＫの中で作られる様子を再現しながら、ＮＨＫという国民的な文化装置の構造や意味を考え直したい。そうした「吃水線」は、統計的な調査や理論的な研究からは見えてこない。

第三部と終章では、ＮＨＫという「国民放送局」を辞して、各地の公共放送局を歩く中で、世界に誕生しつつある〈新しく多様な公共放送、公共的な市民メディア〉との出会いや、その課題を描こうとした。「公共的な市民メディア」とは、既存の放送局や放送制度を超えた、世界各地の市民によるメディア制度や、日本のさまざまな市民メディアのことである。「オルタナティブなシステム」のことではなく、「公共的な市民メディアの魂」を描きたかった。日本では、東日本大震災を契機にした、コミュニティ中心のさまざまなメディアの誕生がとても重要なヒントを与えてくれるが、これには多くの報告がありぼくには力が及ばない。それらと直接は重複しない地方都市でのコミュニティテレビ、聴覚障害者の放送局や離島での市民ラジオの誕生を例に、社会の周縁にも開かれた放送局の仕組みや、これまで表現から排除されてきた人たちが創りだしたメディアの思想を追い、社会的コミュニケーションの基盤となる制度への、補助線を引いてみたい。

この小論は、ぼくがジャーナリズムを志した目標の一人だったエドワード・マロー風に、見聞した現実に基づいて述べる形にしたい。比較するのもおこがましいが、テレビの熱い青春時代を描き出した大先輩の名著に『お前はただの現在にすぎない』（萩元晴彦・村木良彦・今野勉、田畑書店）があり、ＮＨＫ

には『テレビもわたしも若かった』（萩野靖乃、武蔵野書房）、『本気で巨大メディアを変えようとした男』（小野善邦、現代書館）、『NHK報道の50年』（近藤書店）などの優れた現場の記録がある。敬愛してやまないこうした諸先輩の苦闘を思うと、ぼくなどが報道番組現場の報告をするなんぞ身の程知らずであることは、よく自覚している。しかし、NHKの教養番組のドキュメンタリー現場は比較的よく記録されているが、報道の実態についてはほとんど闇の中だ。「墓場まで持っていく」風の生臭い話が多い。権力と近いとか、極めて保守的なNHK報道という組織の性格が、その情報の公開を許さなかったからだ。NHKのすべては公共のものでありながら、視聴者・市民の手の届かないままであっていいのか？という素朴な疑問が、この小著の動機の一つである。

と見栄を切ってみても、ぼくのいた職場や従事した仕事は、NHKの片隅にすぎない。例えて言えば、圧倒的な情報と人材を投入する『NHKスペシャル』が総合デパートで、社会的秘境や知的な探求へ向かう『ETV特集』が魅惑的な専門ブランドだとすれば、ぼくが働いてきたのは街の個人商店みたいなものだ。それでもというか、そうだからこそというか、個人商店からでしか見えなかった景色や、NHKというブランドの中で陥った錯覚などを再度検証してみることで、「NHKの報道」という巨大なブラックボックスにペンライトのような光を入れ、これからの公共放送や報道のあり方を考えるヒントの一つにならないかと、相も変わらず夢想する。「真実の中にはより多くの美しさがあるんだよ。たとえそれが恐ろしい美しさであってもな」との台詞を頼りに——。ご批判をいただければ幸いです。

Ⅰ　NHKで何が起こったか？

扉写真：［左］グリコ・森永事件で捜査本部が公開した“キツネ目の男”（第１章）、［右］NHK 放送センター

第１章　劇場型犯罪のピエロとなって

――グリコ・森永事件とニュース倫理の崩壊

1984年	2.14	『週刊文春』が「疑惑の銃弾」（ロス疑惑事件）報道。
	3.18	グリコ社長拉致事件発生（GM事件）。
	10.15	ＧＭ事件捜査本部が防犯カメラの「不審な男」映像公開。
	11.13	ＧＭ事件報道協定（～12/10）。
1985年	1.10	警視庁ＧＭ事件で「キツネ目の男」似顔絵公開。
	2.20	中曽根首相、国会で民放深夜の性表現番組批判。民放連「自粛」申し合わせ。
	6.18	豊田商事社長殺人事件。テレビが生中継。
	8.12	日航ジャンボ機墜落事故。翌日フジテレビが墜落現場へ突入、中継。
	8.20	テレビ朝日『アフタヌーンショー』「激写！　中学女番長‼セックスリンチ全告白」事件報道がヤラセと判明。10/18番組打ち切り。
	9.11	ロス疑惑事件で三浦和義氏逮捕（2003年最高裁で無罪確定）。
	10. 7	テレビ朝日『ニュースステーション』放送開始。
	11.21	民放連、国家秘密法案に反対声明。
1993年	2月	『ＮＨＫスペシャル』「奥ヒマラヤ禁断の王国・ムスタン」（前年9/30、10/1放送）のヤラセが問題化。2/17、検証番組放送。
1997年	5月	ＮＨＫと民放連による「放送と人権等権利に関する委員会機構（ＢＲＯ）」発足。
2000年	2月	GM事件など一連の食品会社脅迫事件が時効に。

一九八〇年代半ばのニュース競争は、それまでのジャーナリズムの倫理的・抑制的な報道基準を劇的に破壊した。従来はニュースとは見なされなかったセンセーショナルなスキャンダルを、マスメディアがこぞってニュース的商品にして売り出すという〝コペルニクス的転回〟を通じて、ニュースは連鎖反応的にバージョンアップした。

その嚆矢は、八四年に表面化した「ロス疑惑事件報道」と「グリコ・森永事件報道」である。前者では、客観的な事実の裏付けがなく、ニュースとしての必要・十分な要件をまったく満たしていない素材が、〝海外リゾート地を舞台にした保険金殺人事件〟といった物語の性格によって、異様な注目を集め、報道倫理の基礎的な常識を覆した。その背景には、個人的なスキャンダルを売り出そうとする週刊誌やテレビのあざとい営業姿勢、バブル経済の到来、世の中のグローバル化、メディア内外の倫理観の変質などが、色濃く影を落としていた。

後者では、捜査の主体であるはずの警察、報道の主体であるはずのマスメディアが、犯人グループの意のままに操られ、社会的な権威を失墜した。それらの〝ニュース〟は、実体的・客観的な事実関係が明らかにならないまま報じられ、メディアどうしの過剰な競合の中で、抜き差しならない〝重大事件〟にフレームアップされていった。メディアそのものも、視聴者・読者ら観客と共にピエロとして舞台に上がり、「劇場型犯罪」「劇場報道」と名付けられていった。明らかにニュース倫理は変質した。

さらなる衝撃は、八五年六月の松田聖子と神田正輝の結婚のオメデタイ報道だった。テレビ朝日は一日中、生中継特番を組んだ（最大視聴率三五％）。それは民放の娯楽番組だと解釈したとしても、ＮＨＫが正午のニュースのトップ項目にこの結婚式を据えたことは、これまでのぼくの「報道の公共性」の概念をはるかに超えるものだった。このころからニュースの倫理的なタガが外れていったのだ。

臨時ニュースになった「不審なビデオ男」

一九八四年三月十八日、兵庫県西宮市の自宅で子どもと入浴していた江崎グリコの江崎勝久社長が、侵入してきた二人組の男に裸で拉致された。その後、江崎社長は自力で脱出したが、犯人グループ「かい人二一面相」は、「グリコ製品に青酸を入れた」と宣言してグリコを脅迫し、巨額の金を要求する。六月には丸大食品、九月森永製菓、十一月ハウス食品にも同様の脅迫が拡大し、食品業界は前代未聞のパニックに陥り、株価も暴落した。「グリコ・森永事件（広域重要指定一一四号事件・GM事件）」である。

騒然としていた十月十五日、大阪・兵庫・京都府県警の合同捜査本部は、ファミリーマート甲子園口店の防犯カメラに映っていた「不審な男」の二分一三秒間のビデオ映像をマスメディアに公開した。青酸ソーダ入りの菓子が見つかったコンビニの防犯カメラにこの男が映っていたのは、十月七日の午前一〇時二七分から一一時二三分の間だという。映像によれば、男は二〇代から三〇代、身長一七〇センチ前後でがっちりした体格、ジャイアンツの野球帽をかぶり、髪はパーマだった。服装はベージュのブレザーでノーネクタイ、白っぽいズボンにスニーカー。男はまず棚から週刊誌を取り出し、続いて菓子売場へ行き、青酸ソーダ付着のドロップ発見場所に近寄り、レジで会計を済ませた、と推測される。捜査当局がその映像に映っていた人物に「事情を聞く必要がある」として公開したのだ。

NHKは一八時からの子ども向け番組『ひげよさらば』を中断して、「ビデオの男」映像の臨時ニュースを流した。大袈裟なようだが、ぼくはこのニュースを見て、雷に打たれたような衝撃を受けた。これが果たして、ジャーナリズムが流すニュースか？　警察発表をそのままニュースにしていいのか？　公正・中立を理念とする公共放送・NHKが、容疑者ですらない「ビデオの男」を「お尋ねもの」とする警察広報の役割を担っていいのか？　事実の確認や裏付けのない情報を流してはならない、というのはジャーナリズムすべての共通倫理である。まして捜査機関の一方的な情報である。NHKがここまでやっていいのか？　というショックと違和感が、ぼくたちがいた報道現場に覆いかぶさった。

公平性というニュース倫理への疑いだけではなく、定時ニュースを待たずに番組を中断する放送形式も異様だった。大規模災害の発生以外に、このような番組中断は聞いたことがない。突発的な事件では、通常は放送中の画面にスーパーで情報を入れる。警察発表を通常番組を中断して放送するような編成は、おそらく初めてだった。この夜のすべてのテレビニュースはビデオの男一色に染まった。視聴者より興奮していたのは、明らかにニュース報道局内のデスクや管理職たちだった。職場に各局のテレビモニターがずらりと並び、それぞれの画面では興奮した口調のアナウンサーが上ずった声で警察発表を伝えていた。

後述するように、この年展開していたもう一つの激烈な報道合戦「ロス疑惑事件」で、民放各局間と週刊誌・芸能誌・スポーツ紙の競争モードは全開になっていて、視聴率・部数争いにそれぞれが血眼になっていた。ビデオの男発表は、この過剰な報道競争に油を注ぐことになった。事実の裏付けのない、週刊誌とショー番組主導のクレージーともいえる「ロス疑惑事件」報道に参加することを逡巡してきた新聞社とNHKにとっては、しびれをきらした「ニュース競争への参加宣言」であり、なりふり構わぬ行動だった。

「警察の捜査に協力する」ジャーナリズム

警察の発表時間では夕刊の締め切りに間に合わない新聞各社は、警察の「テレビ優遇」に激しく抵抗したが、すでにビデオの男情報はあふれてしまっている。テレビに遅れた分だけ、新聞各社の十六日朝刊では表現がエスカレートした。特にスポーツ紙と全国Ｍ紙は派手な紙面作りだった。全国Ａ紙は、一面メインタイトルの「ビデオの男性公開」に続いて、社会面一八・一九ページでは「野球帽にメガネ姿」「主婦届の似顔絵・顔かたち酷似」「放映にとびつく社員」と見出しをつけ、事実上この男が容疑者・犯人であると思わせるに十分な扱いだった。申し訳のように小さく「おことわり」として、「この人物と事件のかかわりは必ずしも明らかではありませんが、Ａ新聞社は捜査に協力し、事件の早期解決を願う立場からこの写真を掲載し、読者のみなさんからの情報に期待することにしました」というコメントがついている。

Ａ紙の「行動規範」は「特定の団体、個人等を正当な理由なく一方的に利したり、害したりする報道はしません。取材・報道に当たっては人権に常に配慮します」と述べ[*1]、日本新聞協会の「倫理綱領」は、「新聞は歴史の記録者であり、記者の任務は真実の追究である。報道は正確かつ公正でなければならず、記者個人の立場や信条に左右されてはならない。論評は世におもねらず、所信を貫くべきである」と述べる。ＮＨＫは「一、言論の自由を維持し、真実を報道する。二、ニュースは、事実を客観的に取り扱い、歪めたり、隠したり、また、せん動的な表現はしない」と宣言している。*2

しかしこの日、A紙は、編集の方針として「警察の捜査に協力する」こと、「読者からの情報に期待する」ことを明らかにしている。そのためには「この人物と事件のかかわりは必ずしも明らか」ではないが載せる、という言い訳を掲げ、一面と社会面のほとんどを使って、実質的な「お尋ね書き」の配布となったのだ。ほかの全国紙も似たりよったりの編集方針で、各テレビ局のニュースも同様である。各社は、ワイドショーや芸能誌が何と言おうが、A紙がどう書くか、NHKがどういうスタンスをとるか、さりげなく観察している。かつて「オピニオン・リーダー」と言われた矜持はどこに消えたのか……。従来の「中立・客観的な報道倫理」は、この時変質し、崩壊したのだ。

ビデオ公開に至るまで、捜査陣は何回か犯人との接触に失敗したり、有力な人物を取り逃がしていた。「かい人二一面相」は、関西弁による痛烈な皮肉を利かせた脅迫状で、繰り返し捜査陣の失態をあざ笑った。NHKを含むマスコミ各社にも、個別に挑戦状が送られた。

「気をつけよう いらいらポリ公と くらい道」（八四年十一月二十四日、毎日・読売・サンケイなどに宛てた挑戦状）、「チョコレート おくるあいてに ほけんかけ」「バレンタイン ふたりそろって あの世いき」（八五年二月十三日、朝日・毎日宛て挑戦状）など、何十通にも及んだ。「かい人二一面相」は、メディア間の競争意識を十分に計算しつくしていた。犯人から指名されて挑戦状を受け取ったメディアは、「卑怯な犯罪だ」などと主張しつつも、指名されて特ダネを得たことを密かに喜び、彼らの狙い通りの派手な紙面を作った。報道と捜査と世論を交互に操り混乱させる「かい人二一面相」の、見事なメディア・

リテラシー能力というべきだった。すべてのメディアが憑かれたように読者・視聴者を煽り、治安やメディアのリーダー層はヒステリーに陥った。人々の関心と批判も異様にエスカレートし、「劇場型犯罪」と呼ばれるようになっていった。

報道されなかった捕物劇

犯人グループは、グリコ・森永を脅したあと、不二家、明治製菓、ロッテ、ハウス食品などへも手を伸ばし、恐怖に陥れた。食品各社や警察との多くの取引に際し、新聞や週刊誌の広告欄を暗号による連絡の道具にした。例えば八四年九月十二日に、森永製菓には「一億円を出せ」という脅迫状が届き、要求に応じるなら、大阪で発刊されている夕刊紙「大阪日日新聞」と「新大阪」に、森永の関連会社「灘誉酒造」の名前で「運転手募集」の広告を出せ、と要求した。十七日、十八日の同紙には、犯人の指示通りの広告が出され、指示された場所へ囮《おとり》の捜査員が向かったが、逮捕に失敗した。*3 これまで想像もできなかった構図の中で、メディア自体が犯罪のツールに使われ、事件の当事者にさせられて、自縄自縛に陥っていた。

十一月十四日、捜査本部は、脅されていたハウス食品の現金輸送車を囮にしながら犯人グループに接触したが、取引現場の滋賀県警は捜査の詳細を知らされておらず、目前の犯人を取り逃がした。この取引への報道自粛を捜査本部から要請されたメディア各社は、前日十三日からこのニュースを〝報道しないという「報道協定」〟を結び、この捕り物の失敗を報道しなかった。しかしこの報道協定の存在は、一部の週刊誌や、新聞協会に加盟していなかった「人民新聞」が号外を配ったことで、意味がなくなるとともに、マスメディアの情報隠しの証明にもなり、十二月十日に解除された。

Ａ社は「おことわり」として紙面でこう弁明した。「世論の動向、犯人の動き、警察の捜査能力などあらゆる角度から検討し『一刻も早く社会不安を取り除くためには、犯人の早期逮捕に協力するのはやむをえない』という考えに基づいて当初の姿勢を続けてきました。しかし問題解決への歩みは一向にないまま、報道自制期間が長引き、すでに一カ月に及ぼうとしております。一部の出版物に事態公表の動きが出、犯人側からも捜査内容を知っていることをうかがわせる挑戦状が届きました。このため報道自制の効果は薄れたと判断して、十日夕、申し合わせを解除することとしました」

報道協定というのは、誘拐事件など人命に関わるおそれがあるときなどに、倫理的な見地から、報道各社の「自主的な判断」で〈言論・表現の自由〉の一部である〈報道の自由〉を、一定程度お互いが規制しようというものであって、それなりに社会的な認知を得てきた。しかし警察や行政に協力することが目的になるならば、メディアが容易に権力の道具になってしまうことは明らかだ。メディアはもぞもぞ言い訳しつつ、口を極めて警察を罵った。警察の失態は白日の下にさらされ、滋賀県警本部長は翌年、焼身自殺に追い込まれるという後味の悪いものになった。

粉々になったジャーナリズム幻想

「報道は事実の裏付けを取ること」という、入局以来現場で幾度となく叩きこまれてきた鉄則が目の前で瓦解していったことに、ぼくたち現場は素朴なショックを受けた。いくらNHKが保守的と言われようと、行政やビジネスの広報やプロパガンダに使われることは、報道現場では最も恥とされ、軽蔑される態度だった。放送法四条には「報道は事実をまげないですること」という一項さえある。「捜査に協力する」ために、確かではない情報をあたかも客観的事実であるかのように伝えることがあっていいのか？誤報や冤罪が、ここから始まるという教訓は幾度となくあった。「犯人の早期逮捕に協力する」こと、「（捜査に協力するため）読者からの情報に期待して報道する」こと、「そのために報道協定を結ぶこと」が、果たして報道倫理にかなったことだろうか？ぼく自身も現場の仲間たちも、疑問は深く大きくなっていった。GM事件報道は、もはやジャーナリズムではなかった。結果として捜査本部の広報に堕し、劇場報道のピエロになったと言っていい。この時期のニュースの作られ方ほど、当時名古屋放送局にいたぼくの報道観に衝撃を与え、ジャーナリズム幻想を粉々にしたものはない。

その前後の数年間に、報道現場は徐々に伝統的な批判精神を商品に変えつつあったのだが、GM事件の前代未聞の展開は、日本の伝統的な客観主義的な報道様式に決定的な降伏を迫った。過剰な競争意識を逆手に取られて「かい人二一面相」のメッセンジャーにさせられ、あるいはほとんどのメディアが進んでその役を引き受けたこと、また報道協定の趣旨をこっそりと拡大して、「報道」よりも「社会秩序」を優先させ、なおかつ失敗したことで、ジャーナリズムは「客観・公正・中立」といった従来から標榜してきた規範の核心を崩壊させることになった。「客観的事実こそがニュース判断の根本的な基礎である」というこれまでの金科玉条が崩れ、マスメディア自身が事件の当事者となってもやむを得ないという選択は、ニュースの水準器、座標軸が変質したことになる。当然ながら、そこに働くぼくたちも、それぞれの精神的な水準器も変わっていった。

そして翌八五年八月、食品企業を一通り脅迫し終わった「かい人二十一面相」は、「くいもんの　会社いびるの　もおやめや」との〝犯行終結宣言〟を出して、一連の事件は収束した。

調査報道の仇花「ロス疑惑事件」

ＧＭ事件報道が前代未聞のドタバタ喜劇になったもう一つの重要な要因は、ほぼ同じ時期に進行した「ロス疑惑事件報道」での民放各局のニュースショーや週刊誌の激しい報道競争と、これを報じなかった主流メディアとの強い緊張関係にあっただろう。

同じ一九八四年、ＧＭ事件に先立つ一月に始まったロス疑惑事件報道は、『週刊文春』が、Ｍさんがロサンゼルスで妻に保険金をかけて殺した可能性が強い、と報じたことから始まった。客観的な根拠が何もないこの〝ニュース〟は、「妻への保険金殺人」「海外での犯罪」などの時代的なキーワードによって、たちまちのうちに他の週刊誌やスポーツ紙、テレビのニュースショーに広がり、狂騒的に白熱化した。名指しされた本人はおろか、親戚・友人に至るまで、あらゆる関係者のプライバシーがまたたくまにショーアップされ、劇場報道化していった。犯罪らしい証拠もないまま、テレビや週刊誌のレポーターたちが面白おかしく物語をつくりあげ、視聴者、読者、警察をも次々に巻き込んだ。テレビ各局のニュースショーは、朝から晩まで一年間もロス疑惑報道で埋めつくされた。政治犯罪や組織犯罪を暴くはずの調査報道が、弱者のプライバシーを暴き、視聴率を稼ぐために使われ、ロス疑惑報道で仇花となって開いたのである。

新聞やＮＨＫなど〝正統派ジャーナリズム〟は、警察がなかなか動かないロス疑惑報道競争に置いてきぼりを食らって焦った。これに対し、警察が主導するＧＭ事件報道は、水をあけられた〝正統派ジャーナリズム〟による、〝ワイドショー・ジャーナリズム〟へのリベンジの側面を色濃く漂わせていた。週刊誌やワイドショーのレポーターたちは、ＧＭ事件を仕切る警察庁の記者クラブには入れてもらえなかったのだ。

一方、アメリカ・ロス市警の圧力でしぶしぶ捜査に動いた日本の警察も、Ｍさんの犯罪を立証する客観的な事実は何一つ提示できなかった。東京高裁の無罪判決（一九九八年）は、「裁判の証拠調べが微妙であっても、報道に接した者が最初に抱いた印象は簡単には消えない。それどころか最初の印象を基準に判断し、逆に公判廷で明らかにされた方が間違っているのではないかとの不信感を持つ者がいないとも限らない」「報道による誤解や不信を避けるためには、まず公判廷で批判に耐えた確かな証拠によってはっきりとした事実と、報道はされたがついに証拠の裏付けがなく、いわば憶測でしかなかった事実とを区別し、その結果、証拠に基づいた事実関係の見直しを可能にすることの重要性が痛感される」と述べて、行き過ぎた報道を批判した。〇三年、最高裁でＭさんの無罪が確定した。ちなみに、全国のマスメディアの倫理・考査担当者の集まり「マスコミ倫理懇談会」によれば、Ｍさんは無数の報道のうち四七六件を名誉棄損で訴え、およそ八割で勝訴していたが、二〇〇八年にロス市警で自殺した。

競争というブラックホール

後に「放送と人権等権利に関する委員会機構（BRO）」（現・BPO）発足の遠因となるテレビの過剰な報道競争は、この前後に狂ったように爆発したといっていい。

八五年六月、詐欺商法で多くの被害者を出した豊田商事・永野会長の住む大阪のマンションに、刀を持って乗り込んだ二人の男が、永野会長を刺し殺した。マンションの廊下につめかけていた多くの報道陣は、目前での殺人を誰も止めなかったばかりか、この惨劇を生中継や未編集のまま放送する局もあった。血の付いた刃物を「もっとよく見えるように上にあげてくれ！」と求めるカメラマンさえいた。NHK夜の『七時ニュース』ではきわどい場面は編集したものの、『ニュースセンター九時』では編集なしで二〇分近くも、まがまがしい場面を見せた。視聴率は通常の倍の二八・六％になったが、ショックを受けた視聴者から抗議が殺到した。

八月十二日の日航ジャンボ機の御巣鷹山墜落事故では、翌十三日、四人の生存者発見の知らせが入り、家族や国民にわずかな希望をもたらした。ところが飛行禁止の現場にヘリコプターから着地したフジテレビのレポーターが、瀕死の乗客にインタビューを浴びせる衝撃的な映像を流し、視聴者の厳しい非難を浴びた。残った乗客の救出に世間の関心が集まっていたこの夜、『NHK特集』は驚くほどの取材力で、JAL機の事故原因、ドアの構造や圧力隔壁などを論じた。スタッフを集中させて、短時間で番組化したことは評価されるだろうが、乗客の安否が心配されているこの時間帯である。乗客の安全やJA

Lの運航・管理体制を問わず、技術的構造を議論する姿勢に、ぼくは強い違和感を持たざるを得なかった。運輸省（当時）の記者クラブに縛られていない週刊誌では、『週刊朝日』がJAL機長たちの覆面座談会で、人員削減による整備士の不足や整備時間の短縮が、危険な状態の伏線になっていることを伝え、『週刊現代』は「四つの労組と会社の泥仕合」というセコイ表現ではあるが、安全を二の次にした管理体制のあり方を特集した。

さらに八月二十日放送のテレビ朝日『アフタヌーンショー』「激写！ 中学女番長‼ セックスリンチ全告白」でヤラセが発覚。被害を受けた女子中学生五人を実際に暴行した少女二人は家裁送り、この二人をそそのかした元暴走族二人が逮捕され、十月にはディレクターが逮捕、懲戒解雇になった。二〇年続いた番組は打ち切られた。表面化した不祥事の末端のプレイヤーたちは処分されていくが、もちろん番組を企画しているプロデューサーたちが、こうした仕組みを知らないはずがない。

この時期、ニュースという公共圏はJAL機のようにダッチロールし始め、〈競争というブラックホール〉に墜ち込んでいった。

ヤラセと演出と

番組を収録・放送する場合、事前の「仕込み」で、ディレクターや構成作家による台本を基にして、関係者が演出を仕掛けたり、打ち合わせをして撮影の段取りが決められる。責任者はプロデューサーである。芝居や映画ではもちろんのこと、段取りがなければロケや創作行為は成り立たない。そこでは「許されること・許されないこと」の境界はおのずと決まっており、あるいは確認される。ドラマやフィクションとして予め決まっている場合は別として、難しいのはドキュメンタリーや社会情報番組といった、事実を基にした領域の番組や物語である。その際の、許される／許されない、の境界とは何か？　ケース・バイ・ケースであるが、放送・収録の時間的・経費的な、その他さまざまな制約の中で倫理的に問題になるのは、過去に起こったことを、作為的に起こしたり、再現することについての是非だろう。それを画面上で明示すれば、概ね許されている。しかし、激しい競争の中での、予算不足、時間不足、倫理感覚の欠如、下請けスタッフへの丸投げする制作体制などによって、倫理感覚が麻痺し、ヤラセが発生する。大規模な例では、関西テレビの『発掘！　あるある大事典Ⅱ』のヤラセが記憶に新しい。許されるか否かの境界線についての解釈は、国によっても、時代によっても少しずつ違う。ヨーロッパでは、脚本と役者を使った「再現」ドキュメンタリーは伝統的で正当な方法であり、アメリカや日本の評価は比較的厳しい。

では演出がないはずのニュース映像は事実か、と言えば、毎日のニュースに出てくる「閣議」の場面も、事前に隣の部屋で撮られているものだし、裁判の法廷写真もメディア用に事前に撮られている。細かく言えば閣議や裁判を再現した映像であって、本物ではない。演出の一つの形だ。

ＮＨＫでも、一九九二年秋の『ＮＨＫスペシャル』で二回放送されたドキュメンタリー『奥ヒマラヤ禁断の王国・ムスタン』にヤラセがあったと報じられ、全局的に激震が走った。本部の指示もあって、ぼくも名古屋局でいくつもの番組を試写しながら、それぞれの職場でドキュメンタリーのあり方を考える集会を組織した。ディレクター、プロデューサー、カメラマンや個々人の考え方や価値観の違いもあるし、チームワークや協力者との関係、予算や日程との関係などなど、どんな場合でも複雑な要素が絡み合う。

二〇一五年にはＮＨＫ『クローズアップ現代（クロ現）』と『かんさい熱視線』で前年放送した「追跡〝出家詐欺〟～狙われる宗教法人～」にヤラセがあったと報じられた。十一月、ＢＰＯ（放送倫理・番組向上機構）の放送倫理検証委員会が、二つの番組は「情報提供者に依存した安易な取材」や「報道番組で許容される範囲を逸脱した表現」により、著しく正確性に欠ける情報を伝え、「重大な放送倫理違反があった」と判断した。

その一方、この事件をきっかけに、総務省が『クロ現』と、コメンテーターの発言で揉めたテレビ朝日『報道ステーション』の担当者を呼びつけて、「放送法による」文書での「厳重注意処分」とし、自民党も同様に事情聴取した。いずれの番組も、自民党政権の思い通りにならない番組を放送していることによる。しかし、放送法には罰則はない。「厳重注意処分」は、政府が勝手に作り出した超法規的な威嚇である。彼らこそが放送法違反なのである。放送法を口実に、二〇〇九年以来となる番組内容を理由とした行政指導を行ったことに対してＢＰＯは、放送法第一条が定める「自律」を侵害する行為で「極めて遺憾である」と厳しく指摘した。これに対し安倍首相らが行政指導を正当化する国会答弁をしたり、二〇一六年二月には高市総務大臣が、場合によって「電波を停止することもありうる」と言及して、民放連、日本ジャーナリスト会議、憲法学者などから厳しい批判を浴びている。

ニュースも主力商品に

さてこうして始まったセンセーショナルな調査報道や、ニュース性を帯びた新種の娯楽商品の開発は、バブル時代の激しい視聴率競争を背景にエスカレートした。もう少しロングに引いてみれば、プラザ合意（一九八五年）の前後から世の中を覆いはじめた規制緩和、内需拡大といった経済論理を優先する社会の流れは、さまざまな産業現場でも、メディア制作現場でも、従来の仕事のあり方やその規範、倫理、職場の人間関係、労使の契約などを確実に蝕み、掘り崩していく前提になった。製造業は続々と途上国へ移転しはじめた。逆に言えば、これまで市場価値がないと思われていたものに付加価値をつけて商品化すること、さまざまなサービスや公共財、土地、絵画などを、商品に換えることが推奨され、市場に出されていった。

「ニュース」というものは、明らかにそうした新商品の一つとして注目された。これまでのようなプレゼンテーションでは視聴率が取れなかったニュースの商品価値を高めるため、さまざまな角度から再検討されはじめた。違法行為すれすれの取材の仕方、センセーショナルな演出や構成、芸能人やアマチュアを使ったレポート、「楽しくなければテレビじゃない」（フジテレビ）というキャッチコピーに代表されるコンセプトなど、良くも悪くも報道の様式は公共の情報からテレビ企業の商品に変わっていったのだ。このころから、いったん事件・事故が起こると現場は思考停止に陥り、他社のモニターテレビと上司の顔色を見ながら、際限なく現場中継を続ける、という悪習ができていった。

ところで、事件ごとにそれぞれ違う複雑な報道環境や条件を、「過剰な競争が報道倫理を崩した」という文脈で、ここでシンプル化して書いていくことに微妙なズレも感じている。急いで付け加えておかなくてはならないが、事件現場に出ている記者やカメラマン、ディレクターたちがあたかも常識はずれで、人権侵害も辞さない人種であるわけではもちろんない。待ち続けることが多い事件・事故現場で、トイレも食事も我慢し、締め切り時間を気にし、苛立っているデスクを思い浮かべ、少しでも他社とは違う絵柄を撮ろうと必死になっていると、次第に殺気の渦に巻き込まれていくのが普通なのだ。取材者の個性や責任意識もあるが、それより現場に指示・命令する社内からの力や、現場での競合関係によるところが大きいだろう。それがプラスの結果を生むこともあり、誤報や報道被害を生むことも少なくない。

こうして新しいニュースに関心が高まってくると、番組編成もそれにシフトし始めた。八四年からNHKは、主婦向けの時間帯であった午前八時半に『おはようジャーナル』（現『あさイチ』）を編成し、ジャーナリズムの視点から暮らしの周辺の問題を取り上げはじめる。テレビ朝日は八五年十月、久米宏をキャスターに『ニュースステーション』を午後一〇時に据えた。当初は苦労したものの、八六年のフィリピンで起きた「アキノ革命」の生中継や、翌年の大韓航空機爆破事件、八九年の天安門事件、ベルリンの壁の崩壊や東欧革命、昭和天皇の代替わり、リクルート事件、参院での保革逆転、連続幼女誘拐殺人事件など、相次ぐ大事件を詳細に報道・解説することで定着していった。テレビのお荷物だったニュースが、次第に娯楽性も兼ね備えた主力商品になったのである。それらを直接プロデュースし、演出したのはもちろんテレビだったが、ここでもう一点想起しておかなくてはならないことは、視聴者・読者もまた、こうした風潮の無自覚の共犯者だったことではないだろうか。

注

＊1　朝日新聞行動規範。
＊2　NHK国内番組基準第五項。
＊3　一橋文哉『闇に消えた怪人――グリコ・森永事件の真相』（新潮社、一九九六年）など参照。

第2章　情報商品になったドキュメンタリー
——制作現場の改革と軋み

1957年　『日本の素顔』開始（～64年）。
1963年　『新日本紀行』開始（～82年）。
1964年　『ある人生』開始（～71年）。
1965年　『スタジオ102』開始。80年に『ニュースワイド』へ移行。現『おはよう日本』。
1974年　『ニュースセンター9時』開始。83年に『NC9』へ移行。現『ニュースウオッチ9』。
1976年　『NHK特集』開始。89年に『NHKスペシャル』へ移行。
1978年　『ルポルタージュにっぽん』開始（～84年）。
1984年　『おはようジャーナル』開始。現『あさイチ』。
1985年　『ぐるっと海道3万キロ』開始（～88年）。
　　　　『ETV8』開始。現『ETV特集』。
1993年　『クローズアップ現代』開始。16年に『クロ現+』へ移行。

かつてNHKのローカル番組は、地域のさまざまな課題を地域の人たちと共有し、議論する「公共圏」、昔風に言えば〝テレビ井戸端会議〟として機能していた。各局のディレクターや記者、アナウンサーなどが、地域の人たちの生活のリズムの中で語り合い、場合によっては一緒にお酒も酌み交わして話し込み、時間と手間暇かけて作る番組を通して、無数の公論が生まれていた。それは「NHKは自分たちのものだ」という意識が広く共有されていたことや、受信料制度に余裕があったという事情にも支えられてもいた。高度成長期には、物価の上昇に合わせて受信料の値上げ容認もされてきた。しかし八〇年代、値上げを安易に繰り返すことは、許されなくなりつつあった。経営の合理化、要員・経費の削減を迫られ、職場の権利も次第に縮小していった。

情報・報道のグローバリズムの進行、技術の急激な変化、ニュースとエンターテインメントの境界の変化などから、テレビに対する期待の中身も変わりつつあった。視聴者は新しく刺激的な番組や情報を求め、経営層がニュースや番組の改革を急速に進め、その波は、上からの激流となって制作現場に押し寄せた。手のかかる調査報道やローカル番組、ドキュメンタリーなどを丁寧に作るよりも、現在のグローバルな動きを機敏に捉えるニュース、定型的・効率的に生産できる番組、考える番組より情報番組、実益につながる経済情報など「フロー」系ニュースに力が注がれていった。他方で、要員や予算を集中させる「ストック」系報道番組として、『ニュースセンター9時』(現『ニュース9』)や『NHK特集』(現『NHKスペシャル』)などが生みだされていく。

一連の改革によって、多くの新番組が生まれる一方、地方局はしわよせを受けていった。朝のローカル放送から、それまでの地域密着の報道番組、井戸端会議が消えていった。切なく悔しい記憶である。路地裏の喫茶店主や市民活動のリーダーなどから、記者クラブでは決して分からない特ダネを仕入れ、市民・住民と呼吸を合わせて、地域独自のテーマを解決していくNHKから、行政とビジネスのスケジュールに合わせた、どこの局でも同じメニューのチェーン店のようなテレビ企業に変質してゆくNHKへの再編成でもあった。

ローカル放送のコアとしての地域レポート

ローカル局のPD（プログラム・ディレクター）の基本的な仕事は、地域のニュースや話題を、「番組」として成立するようにリサーチ、企画、取材、放送していくことだ。ローカル局では、日常のニュース・報道系の番組以外にも、高校野球や各種のスポーツ番組、ドラマ、教育番組はじめさまざまな特集番組を企画・制作したり、『のど自慢』『ひるブラ』など、割り当てられてくる全国番組の制作にあたったりもする。中でも、暮らしの中の身近な問題を取り上げる毎日のローカル番組の企画・制作は、PDであったぼくらの最も日常的な仕事であり、職業的なアイデンティティでもあった。[*1]

ローカル番組は、小さな企画ニュースから、金曜夜の地域の特集番組まで、形式・内容はさまざまだ。八〇年代のはじめまで、総合テレビの番組編成では、朝七時から三〇分の全国ニュースがあり、その後七時五〇分まで各局が独自に制作するローカル報道枠があった。中身は、五分のニュースと一五分の番組『テレビリポート』（テレリポ。後に『きょうのリポート』）からなっていた。ニュースの取材・出稿は記者たちの仕事であり、番組を企画・制作するのはディレクターの仕事だ。毎朝の番組『テレリポ』の知名度は高かった。市民からの情報提供も日常的にあって、ローカル番組に対する感覚的・心理的な距離が近く、〝みなさまのNHK〟の一定の実体をなしていた。どの時間帯にどんなコンセプトや演出の番組を作るかは、「国民生活時間調査」[*2]など各種の調査が基礎になる。

毎日一つのテーマに一五分かける『テレリポ』制作は、名古屋局報道部の十数名のディレクターにとっての基本業務だった。切迫した事件や事故の背景や問題点を追及したり、未発掘の素材を発見したり、小さな出来事が大きく変貌をとげていく様子を、さまざまな角度や多様な関係者から展開させていくことが、PDとしての大きな醍醐味だった。地域の人たちにとって、今起きている出来事にどんな意味があるのかを見定め、どう伝えればいいのか考え詰める。毎週の提案会議で、こうした日々の番組や、長期的番組の企画が提案・討議される。どんな提案に対しても、「今、なぜそのテーマが重要なの？」「それで、どこが面白いの？」という問いが、あちこちから飛んできた。提案するぼくたちは、あらゆる質問を想定しなくてはならなかった。会議の前は、いつも寝不足だった。

ぼくは数千枚の名刺をファイルしていたが、ディレクターたちは誰でも、できるだけ多様な人間関係や情報源をもっていることが必須の条件で、日ごろから新しい情報や特ダネの入手に智恵と工夫をこらしていた。身内と話していても新しい発想は出てこない。「同じカイシャの奴とめしを食うな」「記事は足で書け」というのは、いつも言われる基本的な作法だった。これぞと狙いをつけたネタに、こっそりとかつ綿密なリサーチを重ねて、それらしく作文した提案用紙を、ドキドキしながら会議に出す。冷や汗を流しながらプレゼンした後、鋭いツッコミに反論したり、落ち込んだり、妥協しながら議論を重ね、最後にデスク、副部長、部長などの判断で採否が決まる。一〇本の提案があれば、会議を通過するのは二、三本、といった感じである。ここで採択されなければ予算もカメラも配置されない。報道番組以外の教養番組など他の分野でも、地域番組か全国番組を問わず、企画提案会議のおよそのプロセスは似たようなものだ。

またこの会議では、本部の中・長期の編成方針や経営方針、各種のトラブルなどあらゆる業務上の情報が、公式にあるいは非公式に連絡・周知される。仰々しい「秘」のハンコ付きで、最後に回収される書類が回るときもある。この基本的なルート以外でも、関連する回覧情報、放送文化研究所の資料、新聞・雑誌のコピー、ビデオリサーチの視聴率データもある。もちろん喫茶店や飲み屋での非公式ルートでのひそひそ話は、正規の会議に劣らず重要だ。

「低温殺菌牛乳」に電話殺到

このころぼくが『テレリポ』で企画・制作した主なネタを羅列してみる。

一九八三年には、「よみがえるか低温殺菌牛乳」「時代を撮る～東松照明の世界～」「ご用心キッチンドリンカー」「『六地蔵』にかける～ろう劇団いぶき～」「追跡・謎の梵鐘」「ミニFM局花盛り」「三井東圧水銀埋立地転売を追う」「規制ない水銀土壌汚染」「映像カルテ・中学校保健室」などがある。一九八四年では、「サラエボにはばたけ・伊藤みどり」「地方都市CATVの一年」「パート主婦・賃金訴訟の波紋」「オープン教育の申し子たち」「今池シネマテーク・フランス映画祭」「熟年・私の道～生涯学習をめざして～」「大学入試改善シンポジウム」「輪中の民・苦悩の選択～長良川水害訴訟控訴～」「傷痕を記録し続けて～名古屋空襲～」「東海地震・都市の中の危険」「腎臓・家庭透析」「中野良子・現代彫刻との語らい」「口伝八〇〇年・平家琵琶を継ぐ」「追跡！　歯科診療報酬～ある不正請求明細書～」などである。

ひと言注釈すると、「低温殺菌牛乳」は大手メーカーでは製造されていない牛乳を紹介したもので、予想以上に反響が大きく、問い合わせの電話が鳴りやまなかった。「キッチンドリンカー」は、当時、闇の中にあったアルコール依存の主婦たちの切実な問題を、初めて公にして討論した。「中学校保健室」のレポートは、校内暴力・家庭内暴力を経て、いじめや引きこもり状況が見え始めた中学生の心身の崩壊を、保健室で記録しつづけたもの。学業成績に無関係の保健室だからこそ見える彼／彼女らを取り巻く、暴力・いじめ・妊娠・内臓疾患の相談もある。教室には寄り付かない番長もやってくる実態をじっくり撮ったドキュメンタリーで、ギャラクシー賞にもノミネートされた。[*3] 旧陸軍が中国から奪ってきた岐阜県大垣市の〝謎の梵鐘〟のことは別項（第5章）で述べる。

サラエボオリンピックに出場した伊藤みどりは、当時中学生だった。名古屋という〝田舎〟で育ち、貧しかった彼女の活躍で、富裕なエリートのスポーツというフィギュアスケートのイメージが、鮮やかに変わったことが印象的だ。「オープン教育」は全国で初めて愛知県緒川小学校で始められ、教室や職員室の壁をなくした開放的な学校が作られていく苦闘の記録。愛知県で徹底していた「管理教育」へのアンチテーゼだった。「水害訴訟」では、水害を口実に長良川河口堰をごり押ししながら、現実の水害の責任を取らない建設省の責任を問う、被災地住民の孤独な闘いを追跡した。「家庭透析」は医療という行為を、専門医師・病院から家庭へ移行させる先駆的な試みで、医療関係者の賛否がかまびすしかった。「歯科診療報酬の不正請求問題」は、厚生省の組織的な報酬点数の操作に批判的な歯科医たちが、実態を内部告発したもの。行政の歪んだ指導と闘う歯科医へのインタビューは、行政や歯科医師会の報復を避けて、ラブホテルを使わざるを得なかった。危険を顧みずに取材に応えてくれた歯科医師たちの勇気がすばらしかった。このうち、「謎の梵鐘」「水銀埋立地」「中学校保健室」「歯科診療不正報酬」「家庭透析」問題などは、その後も取材を重ねて全国番組としてバージョンアップさせていった。

こうした番組たちは、ぼくの〝手柄・業績〟にもカウントされて達成感もついてくる。しかし、その貴重な情報を、勇気をもって内部告発し公共圏に問いかけようとする、強い志をもった人たちとの共同作業の結果であることは言をまたない。この共同作業は、しばしば放送前から口コミなどで広がり、放送後の多くの電話や反響に支えられる。続編、続々編が作られることも珍しくはない。それら地域との関係性の根っこに『テレビリポート』や『きょうのリポート』があった。また名古屋局からは、毎週、地元の中学生からの情報を基礎にしたユニークな青春ドラマ『中学生日記』も放送されていた。多様なローカル番組によってＮＨＫと地域の公共圏が築かれ、一定の信頼を得ていた。おかしな問題があったら、まず地元局が取り上げ、議論を起こし、解決策を探る。問題の拡がりによっては、全国版に広げていく地域放送局の機能は、地域住民の共有財産に違いなかった。

テレビ潮流も「新自由主義」へ

時代は、イギリスのサッチャー政権（一九七九～九〇）、アメリカのレーガン政権（一九八一～八九）、日本の中曽根政権（一九八二～八七）が手を携えて「新自由主義」「新保守主義」を掲げ、軍事力増強をバックに、規制緩和や公共事業の民営化、社会保障の縮小などで、資本主義の劇的でグローバルな再編成に向かっていた。頂点に達した日本の製造業は、八五年のプラザ合意をきっかけに海外移転を始め、内需拡大、行財政改革が叫ばれた。「民間活力の再生」のスローガンで、八四年に電電公社がＮＴＴグループに、八五年に日本専売公社が日本たばこ産業に、八七年に国鉄はＪＲに分割・民営化され、その他多くの公的な事業が商業的競争原理にさらされていった。リゾート開発、高速道や地方空港の建設、金融・不動産への投資など、資本主義のリフォーム、最大限の生産性の拡大が求められていく。効率化を妨げる労働慣行や労働組合、家族的な終身雇用制度、地域コミュニティなどを根こそぎ破壊しながら、時代はバブルへと上り詰めていく。戦後民主主義や福祉国家的な言説、弱者を守る思想や社会運動が弱体化し、政治への無関心が広がる。

こうした流れを背後に、政権や郵政省官僚は、民営化もちらつかせながらＮＨＫの経営合理化、要員や経費の削減などの改革・再編を求めた。とりわけ電子技術の著しい進化が、テレビ業界の改革や競争を促した。八〇年代、カメラの小型化、録画装置との一体化、映像・音声を現場から放送局に直送できるＦＰＵ技術の開発、衛星伝送の実用化、などの情報技術は加速度的に進化していた。事件報道現場からの速報やスポーツ中継で、ＮＨＫも民放各社も激しい競争に入っていく。週刊誌・写真誌とも争う民放のワイドショーは、ニュースとエンターテインメントと広告の境界を曖昧にし、スキャンダラスな報道や芸能ニュースを拡大させていった。よりビジュアルに、刺激的に、画面にさまざまな文字を挿入し、ＣＧや音響を加えて、商品価値を高めた。

こうした風圧は、ＮＨＫにおいても、手のかかる調査報道、地域番組やドキュメンタリーより、現在のグローバルな動きを機敏に捉えるニュース、定型的で大量生産できる番組への傾向を促した。社会問題を「考える番組」より経済情報、「楽しく軽い情報」などに力を入れよ、行政の動きをフォローせよという潮流が、経営層に生まれていた。時代に呼応して、あるいは時代を先取りして、それまでの番組分野別の制作組織や、仕事の習慣や手順を〝改革・再編〟しようとしていた。

そうしたコンセプトの変化に伴って、ニュースの演出の見直しも進んでいった。記者が書いた原稿をアナウンサーが読む、という伝統的なニュース形式にこだわる勢力に対し、海外経験のある堀四志男（当時、放送総局副総局長）、島桂次（当時、報道番組部長、後に会長）らのリーダーは〝時代遅れのニュース〟の改革を図る。記者集団中心に「フローとしてのニュース」とディレクター中心集団による「ストックとしての番組」というコンセプトを叩き込み、映像の特性やリアルタイム性を活かした新しいテレビニュース形式を作れ！と叱咤、怒号した。コンセプトは新しいが、進め方は権力的・威圧的だった。現場の反発は力で抑え込んでいった。

フローニュースの中心にあった『七時のニュース』に対して、夜九時に始まる『ニュースセンター9時』（七四～八八／現『ニュースウオッチ9』）が企画され、〝ちょっとキザですが〟の台詞で有名になった磯村尚徳（当時、外信部長）をキャスターにし、ディレクター・記者七〇人が投入された。さらに八〇年から朝のニュースをリニューアルした『ニュースワイド』（現『おはよう日本』）が始まる。政治家や経済人に密着した政治部・経済部のニュース観と、庶民の生活実態をリアルに伝えようとする社会部・報道番組部のニュース観が衝突しながら競い合い、その競争のパワーも番組刷新のエネルギーに変換されていった。こうした流れの中で、報道局内のドキュメンタリー派は、『新日本紀行』（六三〜八二）などに依って、じっくりと日本の内部を見つめていた。

『NHK特集』と番組制作局のドキュメンタリー

一方、番組制作局が担ってきたドキュメンタリー『ある人生』（一九六四〜七一）や『ルポルタージュにっぽん』（七八〜八四）は、同じく社会問題を扱いながら、ニュースや報道番組と違って、大事件・事故や著名な人物を物語のスタートにはしなかった。報道局があくまでニュースを基礎に、「客観主義」「事実主義」に立脚した番組作りを貫こうとしたのに対し、制作局ドキュメンタリー派の思考法・作法は違っていた。小倉一郎・工藤敏樹・萩野靖乃・北山章之助ら番組制作局を率いたプロデューサーたちは、ディレクターの個人的な関心や、ジャーナリズムがこれまで気付かなかった未発掘のテーマをスタートに据えた。市井の小さな出来事の中から、時代の動きを象徴する人や小さな出来事を拾い上げる。そのモチーフにしつこくこだわって、深く掘り下げ、粘り強く追求していく手法や演出で、主人公の置かれた状況を見つめながら、それぞれが生きている時代や社会状況を鮮やかに浮かび上がらせていった。

例えば、系統的にドキュメンタリー史を研究している『放送研究と調査』（NHK放送文化研究所）は、『日本の素顔』を率いた一人である小倉をこう評価する。「ドキュメンタリーを「映像と音で証拠立てる」表現であると定義する。水俣病患者の苦しみを初めて全国的に知らしめた有名な『奇病のかげに』（一九五九）。安保条約改定から三池争議に至る激動の一九六〇年を記録した『議長の椅子』や『ルポル

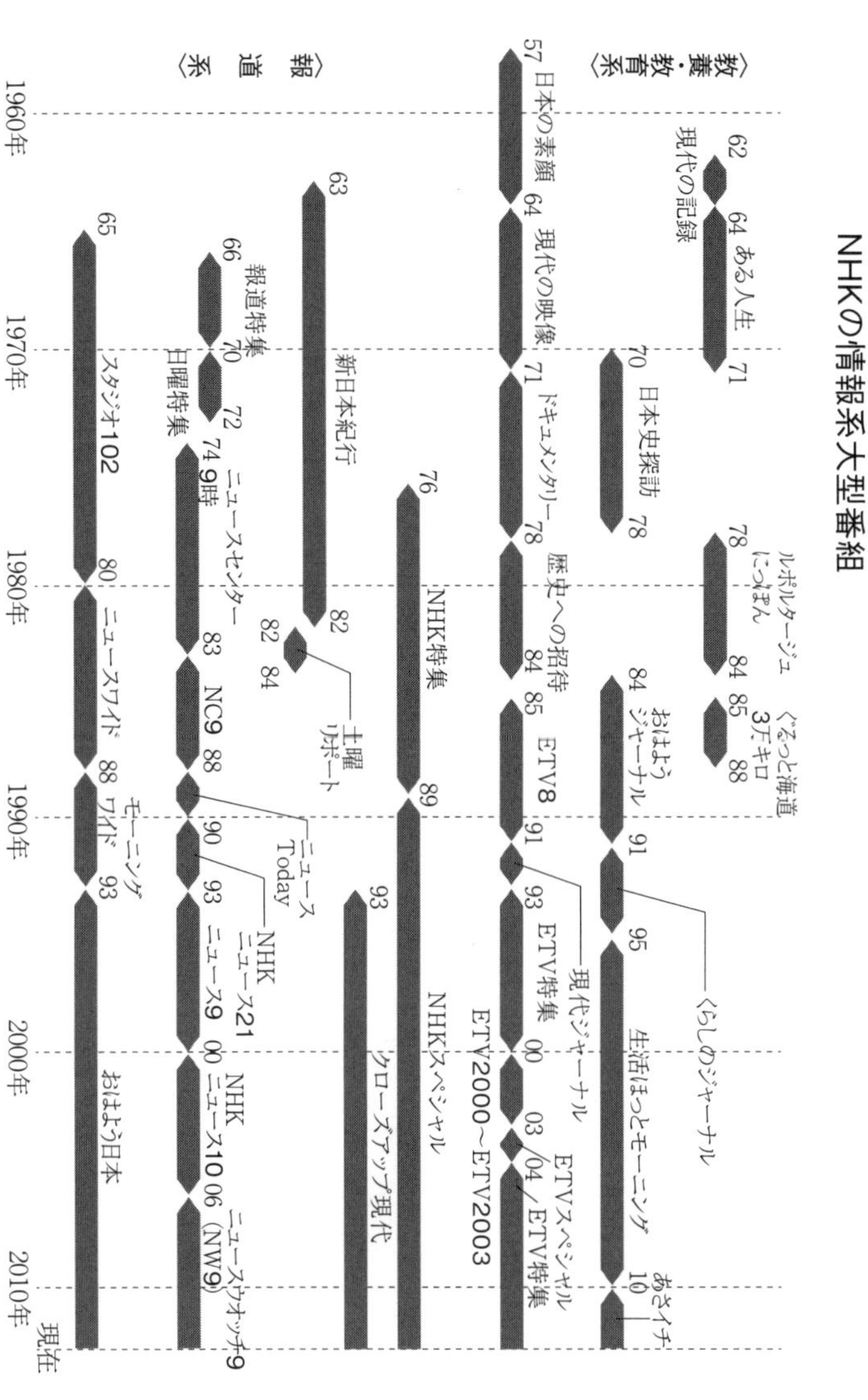
NHKの情報系大型番組
〈教養・教育系〉
〈報道系〉
1960年
1970年
1980年
1990年
2000年
2010年
現在
57 日本の素顔 64
64 現代の映像 71
71 ドキュメンタリー 78
78 歴史への招待 84
85 ETV8 91
93 ETV特集 00
現代ジャーナル
ETV2000～ETV2003
03 /04 ETV特集
ETVスペシャル
62 現代の記録
64 ある人生 71
70 日本史探訪 78
78 ルポルタージュ にっぽん 84
85 ぐるっと海道3万キロ 88
84 おはようジャーナル 91
くらしのジャーナル
95 生活ほっとモーニング 10
あさイチ
76 NHK特集 89
NHKスペシャル
93 クローズアップ現代
63 新日本紀行 82
82 84
土曜リポート
66 報道特集 70
日曜特集 72
74 9時 ニュースセンター 83
83 NC9 88
ニュースToday
90 NHKニュース21
93 ニュース9 00
NHKニュース10 06
ニュースウオッチ9（NW9）
65 スタジオ102 80
80 ニュースワイド 88
88 モーニングワイド 93
おはよう日本

タージュ三池』。人命を軽視する日本社会の構造をえぐった『いのちの値段』や『地底―ある炭鉱事故の記録―』。戦後復興から高度経済成長への転換期に、小倉はつねに「小さき者」の視点から映像記録を行い、事実を視聴者の前に端的に提示しつづけた[*4]」

また工藤の代表作には、岩手県のある村を重層的に丸ごと記録した「和賀郡和賀町一九六七年夏―」、第五福竜丸の流転と乗組員のその後、原水爆禁止運動の分裂などを重層的な時間軸で描いた「廃船」、戦時中の疎開先の記録フィルムから子どもたちの戦争体験と現在を重ねた「富谷国民学校」（文化庁芸術祭大賞）などがある。そこでは「私的なものを一切排除し、数字やデータにこだわったストイックな語り口でありながら、強い個性を帯びた文章。そこでは、ナレーションによって映像をなぞるのでなく、ナレーションによってむしろ映像を異化していく方法が採られている[*5]」

ニュースや報道番組は、本質的に客観性や事実の実証に価値を見出すが、制作局系のドキュメンタリーでは社会的常識に縛られない独創的・発見的アプローチによって、矛盾する事象を交錯させたり、幾重にも積み重ねながら、一面的な正義に帰結しないものごとの本質に迫る。そうした制作集団から、文化庁芸術祭賞、放送文化基金賞、ギャラクシー賞などの受賞作品も多く生まれ、意欲的な多くの若いディレクターたちが育っていった。しかし、そんな番組制作局にもじわじわと効率化の波は迫っていく。

そして七六年から、報道局・番組制作局共同の大型番組として『NHK特集（N特）』（八九年から『NHKスペシャル』）が始まった。ぼくら制作現場に配られた「企画意図」にはこうある。「多角的で多様な時代のニーズに応じるには、組織の縦割りの中で習慣化している発想を破る必要がある。地方局も含め、組織の壁を大胆に破り、横断的に機能する発想の坩堝《るつぼ》を作って、制作スタッフに内在しているエネルギーを引き出すことで、新鮮な番組を作り出したい」。報道・教育・芸能といった〝既成組織の壁を破る〟というところが、最大のポイントだった。島桂次理事はNHKスペシャル兼務者会議（八四年七月）でこう叱咤した。「放送機関として発足して以来、最大の変革の時代を迎えている。NHKは巨大化して錆びついている。巨大なタンカーにも似ている。例えば右に必死に舵をとろうと思っても直ぐにはできない。一〇キロも走らないと右にターンしない。何事をやるにも今までのような形でやっていてはどうにもならない。すべて白紙にかえして再構築しなくてはならない」

N特には、青木賢児、藤井潔プロデューサーらを先頭に、報道局・教育局の合同プロジェクトとして、気鋭のスタッフと予算が投じられ、長期取材、国際取材に取り組んだ。六八年の大型番組『明治百年』（一五本シリーズ）に取り組んだのは報道、教育、芸能からの混成部隊（八人）だった。「歴史に埋もれている知られざる風景に歴史を語らせよう」「映像で歴史を運ぼう」（チーフディレクター・吉田直哉）。精緻なリサーチと斬新な構成は「歴史ドキュメンタリー」に新しい地平を開いた。一九七〇（昭和四五）年からは以後五年にわたった『七〇年代われらの世界』（四七本）、一九七四（昭和四九）年には『未来への遺産』（一七本シリーズ）が始まった。[*6]

番組への視聴者の反響は大きかった。民放の刺激的なバラエティやドラマと対抗して、N特にも、視聴者の興味を惹く演出、普遍的テーマ、さらにある種の娯楽性が求められていく。N特は、報道局・制作局から有能な人材を集め、国内外の最前線の研究成果を集めて、長期取材や組織的な制作方法を取っていく。総合された智恵やビッグデータから、これまで日本人が気付かなかった自らのアイデンティティの在処や、世界規模の構図が見えてくる。一方で、人の魂を内側から揺さぶるような、ドキュメンタリーが本来もっている魅力から離れていくという批判も否めなかった。N特中心主義的な傾向に違和感をもつ制作局の個性的なディレクターたちは、『ルポルタージュにっぽん』のあと、『ぐるっと海道3万キロ』（八五〜八八）、『ETV8』（八五〜）などに力を注いでいくことになる。

〝名古屋市広報部〟に転身して

そうした職場再編の中で、名古屋局の様相も変わった。時間は前後するが、八四年六月下旬、名古屋局の番組会議で、担当部長から重要な報告があった。NHK全体の「歴史的な大機構改革」と併せ、七年間で三〇〇〇人の要員を削減するという。長い伝統をもつ本部の報道番組部は新しく「編集センター」に統合される。労働組合的に言うと「空前の大合理化」なのだが、かつて職場をまとめていた組合も、この頃には疲労感が漂い、集会もほとんど成り立たなかった。忙しくて集会どころではない。役員の成り手もいなくなっていた。久しぶりに打たれたストライキも、忙しすぎる仕事の邪魔になるという雰囲気で、スト中にこっそり〝内職（スト破り）〟するヤツも点在した。組合の権威や組織力は底をついていた。特に報道現場では一九八一年の「ロッキード事件追跡番組の中止事件」とその後のすさまじい報復人事が、[*7]深いトラウマになっていた。ほとんど何の成果もなく組合は闘争を終結した。

一五分あった朝のローカル番組は、八三年半ばには一〇分に短縮されていた。八四年、局内はいくつもの奇妙なイベント番組に追いまくられていた。例えば名古屋市が港に建設していた「ニューポートビル」が七月にオープンするのに合わせて、その数週間前からおびただしい関連ニュースと番組が制作された。オープン当日は一日中、ＮＨＫの画面はそのニュースと特集番組に覆われた。名古屋港管理組合の職員が「ＮＨＫはクレージーだ」と驚いたほど、過剰に名古屋市を称える番組ばかりだった。また同年十月に、オーストラリアから名古屋市動物園に連れてこられたコアラをめぐっての各社の報道合戦もすさまじかった。中でも物量にモノをいわせたＮＨＫの、何カ月にもわたるコアラ一色の番組編成は、〝名古屋市広報部〟に転身したような異様さだった。ジャーナリズムとは無縁の、行政のお先棒を担ぐニューポート騒ぎやコアラ騒ぎは、テレビ局間の競争だけではなくＮＨＫ特有の事情も絡んでいた。それは老朽化した名古屋局の改築にあたって、隣接する名古屋市の公園との敷地交換問題が絡みついていたのである。

ＮＨＫ用地よりもやや広い名古屋市の公園が、等価交換されることへの市民の反発が表面化することを、ＮＨＫ中枢は強く恐れた。当面の間、極力名古屋市を刺激しないようにという姑息な作戦が取られた。名古屋市の政策には全面的に協力せよ、名古屋市に関わる不祥事・汚職などは取り上げるな、という暗黙の指示が下った。実際、取材・報道できなかったニュースは少なくない。ぼくが関わった事件の例では、ある大学の不正入試事件での取材が中止、市営地下鉄工事の騒音・振動に対する補償での不正事件でも取材を中止させられた。三井東圧化学（現・三井化学）名古屋工場での高濃度水銀埋め立て事件などでは、実質的なストップを食った。「みなさまのＮＨＫ」は死にかけていた。

地域市民・住民の公共圏のカナメの一つだった『テレビリポート』が一五分から一〇分に短縮されてからわずか二年で、再度六分半に短縮された。何日もリサーチやロケを必要とする深刻なテーマは敬遠され、ドキュメンタリー性を追求するまとまった時間はなくなった。どの番組も断片的、定型的な情報コーナーや、軽い話題、季節の便り、イベント案内などの集合に再編された。情報の数はどんどん増えていくが、ディレクター、カメラマンは削減されていった。もう組織的な抵抗はなかった。その後、ぼくは東京へ転勤し、一九九一年に名古屋局へ戻ったとき、朝の時間帯からはレポート番組は姿を消して、「忙しいサラリーマンのための情報」番組帯になっていた。

タブーを越える『ＮＨＫスペシャル』

では、制作現場の一人ひとりの志や、番組作りの職人たちの魂は死んだのか？　話は再び『Ｎスペ』である。昭和から平成になり（第8章参照）、冷戦が終わったという解放感が時代を包んでいた。画面に安全運転感や既視感が漂っていた『ＮＨＫ特集』は、リニューアルされ、『ＮＨＫスペシャル』に変わった。立ち上げを担当したプロデューサーは、教養番組部出身の北山章之助である。まず四月、ジャーナリズム最大のタブーと言われた〈天皇〉をテーマにした「拝啓　長崎市長殿〜七、三〇〇通につづられた〝昭和〟」（四月九日）、続く五月三日には「憲法一〇〇年　天皇はどう位置づけられてきたか」が放送された。その後数々の大作シリーズが放送されるが、ＮＨＫにいるぼくが驚いたシリーズは、九〇年七月に三週連続で放送された「上野千鶴子　一九九〇年のアダムとイブ」である。これまでまともに語られたことがなかったと言ってもいいジェンダー問題に、直球で挑んだのである。この時期の劇的な解放感が、ＮＨＫスペシャルによる〈報道のタブー〉への挑戦を支えたこともあるだろうが、リーダー・北山の文化的な価値観を含めたセンス、力量によるところが極めて大きいだろう。

北山は回顧録でこう語る。「リニューアルのひとつの動機となったのは、ある新聞の記事でした。そこには『いま、日本で見られるテレビジャーナリズムの最も良心的で硬派と言われるのはＮＨＫ特集である。しかし、いかにテレビというのはジャーナリズムとして無力であるかを、それは実証している。なぜならば、我々日本人が将来に向けて問われている重要な選択については、ＮＨＫの性格上、深入りすることができないからだ』とあったのです。このときに併載されていたのは、いま問題になっている原子力発電についてでした」（『Ｎスペ』ホームページ）

天皇、ジェンダー、部落差別など、ＮＨＫの〈タブー〉と言われた問題はいくつもあったが、原発はその最たるものだった。北山はそこへ切り込んだ。福島事故の四半世紀前である。「Ｎスペの放送がスタートしてまもなく（一九八九年四月五日から全四回）放送された『シリーズ二一世紀　いま原子力を問う』。スリーマイル島から十年、チェルノブイリから三年後の一九八九年当時、二一世紀に向けて、人類最大の課題となった原子力発電を問い直し、エポックメイキングとなった」と誇らしく述べている。第一回「危険は克服できるか～巨大技術のゆくえ～」、第二回「原子力は安いエネルギーなのか」、第三回「推進か撤退か～ヨーロッパの模索～」。そして第四回「徹底検証いま原子力を問う」では、「推進派、反対派から論客を招き、それぞれの意見を戦わせていただくと同時に、初めての試みとして電話による世論調査を行い、国民が原発をどのように捉えているのかを提示しました。番組の放送終了後には、それまで議論していた各氏が立ち上がって握手を交わし、『これほど腹を割って話したことはなかったですね』と声を掛け合う一幕も。そうした様子をモニターで見ていて、『こういう瞬間まで、放送できればよかったな』と思いましたね」（北山。同ホームページ）。NHKには、原子力ムラに住民票がある人も大勢いたが、批判的な精神もまだまだ健在だった。

たまたまぼくは、翌九〇年に報道局から衛星放送局へ異動になって、その高名なプロデューサーの横で仕事をさせてもらった。衛星放送の契約者はまだまだ少なく、技術も不安定で、強い雨がふると画面が見えなくなるほど技術も不安定で、世の中に認知されることが第一義だった。彼の口癖はこうだった。「津田君ね、衛星放送の評判を上げるには、〝風のような番組〟を作らなくちゃだめなんだよ！」「はぁ？〝風のような番組〟ですか。例えばどういうものですか？」「僕にもね、分からないんだよ。分かれば苦労しないよ。ともかく衛星が生き残るには、総合テレビの真似をしちゃおしまいだ。我々の敵はNHK地上波なんだ」。彼のもとで働きたかったディレクターたちが少なくなかった。その一人であったぼくにとっては、刺激的な職場だった。

その後『Nスペ』からは、「驚異の小宇宙・人体」「太郎の国の物語」「社会主義の二〇世紀」「大英博物館」「電子立国 日本の自叙伝」「ドキュメント 太平洋戦争」などなど、魅力的なシリーズ番組が次々と世に放たれていった。新しく生まれた数々の刺激的な番組と、そのスタッフの創意と努力に深い敬意と、密かな嫉妬を抱きつつ、その裏に消え去ったものたちを思わずにはいられない。

ところで、二〇一三年度から一七年度にかけての、NHKの経営計画、「全体最適」という名の五カ年計画では、地域各局のディレクターは一～二名が減らされることになっており、名古屋局では五人減ることになっている（NHKホームページ）。その結果、「魚道 ～長良川河口堰 運用開始二〇年～」など、数々の名作やドキュメンタリーを生んできた名古屋ローカルの看板番組『金とく』（金曜特集）も、一六年四月から、濁流の中に消滅する運命にあった。ぼくは観念して目を閉じていた。ところが、〝死に体〟と言われた日放労（NHK労働組合）が、土俵際でギリギリ粘ったのだった。地元・名古屋の関連団体と協力して、何とか、日曜日に時間を確保したと漏れ聞いた。ぼくは、つい涙がこぼれそうになった。がんばれ、後輩たちよ！ テレビを作るってことは、ベンチを向いてプレーするんじゃない。いつでも、スタンドのお客を見てプレーするんだよな。たとえ、お客が一人でもな。

注

＊1　地理的・電波的条件によって「ローカル番組」の概念はさまざま。「県域放送」が基本だが、「一都六県」「東海三県」などの広域番組、さらに広域の「関東甲信越」「中部七県」などの枠も常時設定されている。

＊2　NHK放送文化研究所が五年ごとに行っている数千人を対象とする二四時間の生活行動調査。睡眠・食事など「必需行動」、仕事・家事・学業など「拘束行動」、会話・趣味・メディア接触など「自由行動」に分類して調査するもの。

＊3　津田正夫「できごとへの接近～テレビ報道番組の現場から」仲村祥一編『社会病理学を学ぶ人のために』

（世界思想社、一九八六年）に詳述。

＊4　東野真・桜井均「制作者研究〈テレビ・ドキュメンタリーを創った人々（1）〉小倉一郎～映像と音で証拠立てる」『放送研究と調査』ＮＨＫ放送文化研究所、二〇一二年二月号。

＊5　是枝裕和・東野真「制作者研究〈テレビ・ドキュメンタリーを創った人々（2）〉工藤敏樹～語らない「作家」の語りを読み解く」『放送研究と調査』ＮＨＫ放送文化研究所、二〇一二年三月号。

＊6　「ＮＨＫは何を伝えてきたか　ＮＨＫ特集」http://www.nhk.or.jp/archives/nhk-tokushu/

＊7　ロッキード事件裁判五年目の一九八一年二月四日、『ニュースセンター9時』で政治・経済・社会・報道番組部が合同で、裁判の現況と田中角栄周辺を特集に企画。しかし放送直前、島報道局長が中止を命令し、社会部の短いニュースだけ放送。記者たちが怒って交渉し、島局長は「謝罪文」を書いたが、その夏の異動で各部長以下主要スタッフは閑職に追われた。

第３章　ＮＨＫ民営化未遂事件
——民営と国営のはざまで

1985年	1月	NHK エンタープライズ21設立。以降、急速に関連会社設立。
	4月	日本電信電話公社が8社に分割民営化。NTT に。
1987年	4月	日本国有鉄道（国鉄）が分割民営化。JR に。
1989年	6月	NHK 衛星本放送開始。
1991年	7月	NHK 島会長、放送衛星打ち上げ失敗に関連して辞任。
1996年	11月	橋本内閣、行政・財政など6大改革を発表。
2001年	1.30	NHK『ＥＴＶ 2001』「問われる戦時性暴力」の改編事件。
	4月	「聖域なき構造改革」を掲げ小泉内閣発足。
2003年	3月	イラク戦争開始。
2004年	9月	国民保護法により放送事業者を「指定公共機関」に指定。
2005年	1月	NHK 不祥事などによる受信料不払いの責任をとり海老沢会長辞任。
	11月	小泉内閣の規制改革・民間開放推進会議がNHKの民営化を答申。

NHKは受信料をもらってるんだから、視聴率なんて気にしなくていいだろう、楽だね、といった皮肉をしばしば耳にする。豊かな予算・人材・機材を使った物量作戦の番組作りだといった声もある。確かに直接スポンサーに依存することはないが、毎年国会で、予算・決算が与野党の厳しい議論にさらされる。公共放送として営業行為を禁じられている中で、新しい番組や施設・技術への投資を迫られる経営の構造はきびしい。

NHKはイギリス、ドイツ、イタリアの公共放送などと同じように、受信料を主要な収入源としている。日本の受信料は、国民共有の言論・表現の場を支える「特殊な負担金」だとされている。「番組を見たかどうかの対価」ではなく、通俗的に言えば会費に近い概念だ。税金による国営放送でもなく、コマーシャルによる商業放送でもないと合意されてきたのだが、近年その合意はかなり危うくなってきたかに見える。安倍政権になって以来、NHKに対する強引な人事や放送への介入、自民党による受信料義務化への動きを見ると、政権は次第に国営放送をめざしているのではないかと疑わせる。他方、多くの商業放送が競争している中で、NHKが商業化することはありえないと思われがちだが、近年の政治/経済の動きと、これまでの経緯を見ると、それもあながち杞憂だとは言えない。

八〇年代、新自由主義の帰結として、世界的に公共事業や福祉政策が見直され、行財政改革は巨大な流れになっていった。日本でも電電公社や国鉄など多くの公的な事業が、次々民営化されていった。政財界リーダーたちの次の標的はNHKだと噂され、分割・民営化が構想されても不思議ではなかった。政治不信やバブル経済の崩壊が重なって、九三年には、日本新党やさきがけによる連立政権が、自民党にとって代わった。「五五年体制」と呼ばれた戦後の政治/経済体制のバランスは崩壊し、選挙制度をはじめとする政治改革、経済改革が進められた。物価と連動して値上げされてきたNHKの受信料も厳しく批判され、電波上での「言論・表現の公共圏」は、未曽有の危機にさらされた。その後も今に至るまで、受信料の義務化案が繰り返し政治家から提出されている。

東京と違う全国ニュースを出した

一九九一年（平成三年）八月十九日、政治体制の転換を目前にした旧ソ連（ソビエト社会主義共和国連邦）で、改革に対するクーデターが勃発した。ゴルバチョフ首相は監禁され、世界中のメディアは騒然としていた。しかしこの日、東海三県をエリアとするNHK名古屋局からの午後七時の「きょうのニュース」は、同じ全国版ニュースでありながら、東京が放送したニュースとはかなり異なったメニューだった。トップはソ連のクーデターではなく、「東海地方へのブラジルからの出稼ぎ労働者」に関するニュースだった。天気予報も東海の情報を真っ先に伝え、プロ野球の結果も、ジャイアンツ中心主義ではなく（東京はジャイアンツ中心の編集！）、ドラゴンズの結果を先に報じた。

その日、名古屋局の「ニュース解説」も東京版とは違って、F解説委員による「地域と放送」というテーマでの、独自の番組だった。新聞に例えて言えば、朝日新聞東京本社版ではなく名古屋本社版でニュースを知る、というイメージだ。関心が薄い人には、その違いはあまり分からないだろうが、新聞の地方本社版や、中日新聞などブロック紙と呼ばれる広域地方紙は、東京で編集される紙面とかなり違って、地域住民の視点で取材・編集されている。また北海道新聞から沖縄タイムスまで、全国各地にそれぞれの地域性を編集の柱に据えた新聞がある。しかし、テレビの場合は巨大な装置産業であることや、政府が電波の許認可権を握るなど、極めて中央集権性の強いメディアだ。また政治／経済／文化などが東京に集中する中で、地方テレビ局の全国ニュースは、同じネットワークの在京キー局に依存している。NHKは民放よりもさらに中央集権的である。

そういう中央集権的なテレビ報道の常識を超えて、この日、名古屋局は○報道部長以下「ニュースの一極集中を打破する」との方針を打ち出し、あえて東京とは違う編集で「きょうのニュース」を構成した。翌月からは「夜九時ニュース」（当時二一時半）の枠までも、独自に編集しようという意気込みだった。本部の統制を外れる名古屋局の方針は、地域主権を反映したオルタナティブ・ニュースのようにも見えた。

ニュース・オーダー（ニュースの優先順位）の決定や見出しのつけ方は、各新聞社やテレビ局の価値観や方針が基本になって、さらにその日のデスクの意見も踏まえながら、最終的に編集長の権限で決まる。オーダーの決定は、それぞれの組織の価値評価を反映するし、その権限こそが編集長のレーゾンデートルであり、組織内の権力関係を表してもいる。本部の編集長の権限を分割するような、地方局が東京と違う全国版のオーダーを作ることなど、それまで考えられたこともなかった。複数の全国版ニュースを作るには、技術的にも、事件現場から東京へ送るのと同じ映像・音声素材を、名古屋局へも分岐・伝送しなくてはならず、とても煩雑な仕事になる。ぼくはこの年、東京から名古屋局に異動になり、新設された「放送センター」の編成・開発プロデューサーという立場で、名古屋局が全国で初めて取り組んだこの試みを、ドキドキしながら見守った。

NHK新ビルが演芸場に

なぜ、この日に名古屋局が本部と違う独自ニュースを出したのか？　実はこの八月十九日は、新しい「放送センタービル」に移ったＮＨＫ名古屋放送局の運用開始の日だった。それだけでなく、同時に全国の放送現場の「報道部／制作部／編成部／技術部」という既存の組織や概念を打破し、長い間の縦割り業務や慣行を改めて、「放送センター」という組織に一元化した〈改革〉の瞬間だった。

名古屋局は一九八九年から、本部が募った改革の「パイオニア局」（全国一六局）に名乗りをあげ、内部のあらゆる慣行を改革・刷新しようと、多くの企画を立て、その試行が全国各局から、熱く、あるいは冷やかに眺められていた。*1 ぼくが配属された「編成・開発グループ」は、これまでの縦割り組織の利害を調整し、主として東海三局を中心に中部七局で、新しい時代に即した番組、事業、経営のあり方を開発するための事務局としての立場にあった。ＮＨＫ内部だけにとどまらず、ＮＨＫ中部ブレーンズ（現・ＮＨＫプラネット中部支社）などの関連団体を通じて、東海地方の自治体や地元企業、大学はじめ周辺のあらゆるところと協働して、新番組や新事業を開発するという複雑な役割を負っていた。

これまで愛知・岐阜・三重それぞれの「県域放送局」中心だったニュースは、一九九二年春からは『ニュースウエーブＮＨＫ東海』と衣替えして、東海圏をカバーする広域放送局へ変貌した。これまでと同じ時間帯を、県域から広域に統一するのだから、名古屋の情報を中心に東海地方共通のネタが多くなり、その分だけ岐阜・三重独自のニュース枠やスタッフ・予算が減ることになった。番組でも東海三局が合同で取り組む例が増えた。例えば『問われる巨大開発　検証・長良川河口ぜき』（一九九一年十二月四日放送）は、三局共同のプロジェクトによる総合的な調査力で、個々の県域局だけではできなかった多面的な取材をした番組だ。長良川河口堰を批判的に検証しようとしたこの企画や取材に対して、当時の建設省や水資源公団は強く反発し、〝ＮＨＫに対する訴訟の準備をしている〟と現場取材陣を恫喝したり、全国各地のＮＨＫ経営委員や理事たちに圧力をかけて、放送を中止するよう干渉してきた。この介入を、プロジェクトは毅然とはね返したが、かつて県域局だけの力では、霞が関や理事の介入に堪え得なかったかもしれない。東海圏広域放送局としての権限拡大が、プラスに機能した好例かもしれない。その一方で、第2章で述べたように、いくつもの地域番組が消えていった。

番組改革・意識改革を求められたのは報道番組だけではない。これまで芸能・教養番組などを担当してきた制作系のディレクターたちも、さまざまな「新財源による新番組」を提案・実行するよう期待されていた。例えば、新しく開発された昼のバラエティ番組『どんどんふるさとプラザ（どんプラ）』（隔週一二時二〇分～一二時四三分。東海三県）は、全国番組『ひるどき日本列島』を〝脱（だつ）し〟（全国ネットの番組枠を独自のローカル番組に入れ替える）放送された、新しいタイプの番組だ。地域おこしを兼ねた地方版の〝自治体対抗ふるさと自慢〟とでもいえばいいか。東海三県の市町村が、自慢の話題や伝統行事、名人・達人、名所や見どころを、ＮＨＫ放送センタービルの一階の広場（どんどんプラザ）から生で放送するというバラエティ・ショーだった。ＮＨＫビルの広場は、毎日賑やかに太鼓が鳴り響く演芸場と化した。

こうした改革はさまざまな意味をもっていた。従来からの放送内容や管理組織のもつカベ、〈中央vs地方〉の図式や、放送の企画・管理での〈報道vs制作vs編成〉などの構造を打破し、定型化した番組形式にチャレンジして、新しいタイプの番組を開発することが第一だった。他方で、今後値上げができない受信料だけに頼らず、自治体や地域の企業との「協業化」や「メディアミックス」を通じて、多様な財源を開発しようとするハイパーな組織改革の試みでもあった。「協業」というのは、例えば自治体や地域の企業と共同でイベントやシンポジウムを開催し、番組化することによって、会場代・設営費・出演者やスタッフの費用など各種の費用を、自治体や企業に負担してもらい、逆にNHKの番組が自治体などの広報・広告の役割を果たすことになる。また「メディアミックス」というのは、狭い意味では一つの映像素材を、複数のニュースや番組で使い回すことだが、広い意味では、同じ原作や映像・音源などを、ジャンルの違う映画・音楽・広告・出版などと同時的に使って、集客力や利益を高める方法である。他方、こうした改革に馴染まない伝統的な制作手法や地味なテーマは、肩身が狭くなっていった。また地域の自治体や企業の限られた「広告費のパイ」への、公共放送NHKの参入は「公共放送と商業放送の棲み分け」に対する「ルール違反」だとして、広告費に依存する民放からの反対声明など、強い批判を浴びた。

八〇年代の帰結としての民営化志向

世界史的な経済・政治の構造変化を生んだ新自由主義は、その帰結として国や体制を問わず、公共分野の商業化、ビジネス化を進めた。行政や財政の立て直し・改革が巨大な流れになっていった。ヨーロッパの理想主義を実現しようとした巨大な実験としての「社会主義」は、八〇年代末に起きた一連の東欧革命や冷戦の終結と共に消え、社会民主主義も衰退した。古い生産体制や職場秩序が棄てられ、それらを支えてきたコミュニティや家族の絆は崩壊し、情報化やグローバリズムが激しく進行していった。日本でもリクルート事件（八八年）、佐川急便事件（九二年）に代表される政治資金事件から、政治不信が広がり、バブル経済の崩壊（九一年）が重なって、九三年には日本新党やさきがけによる連立政権が自民党にとって代わり、「五五年体制」と呼ばれた戦後の政治／経済体制は崩壊する。

定期的に繰り返してきた受信料値上げに、厳しい批判が出されはじめる。受信料の頭打ちに直面したNHK経営委員会や政治家・財界が、NTTやJRのように民営化を構想しても不思議ではなかった。NHK予算を審議する国会からは、毎年予算成立の付帯条件として、「業務の効率化、財源の多角化」を求められていた。すべての業務を見直して、仕事の手間やスタッフを減らしたり、外注したりすることで経費を削ることが求められた。しかし特殊法人であるNHKは、利益を上げることは禁じられている。それならば利益を上げてもかまわない株式会社の関連団体を作れば、民放と同様、イベントや番組のビデオや関連グッズの販売で利益を上げ、その番組・素材使用料や著作権料などさまざまな利益をNHKに還流させることができる、という理屈だ。

またNHKが関連団体に発注すれば、同じ番組であっても制作単価が安くて済む。一つのインタビューや同じ映像が、NHKの放送にもつながり、商品化されたパッケージにも繰り返し使うことができる。〈関連団体とのメディアミックス〉という魔術的な手法で、さまざまなイベントが展開されていった。『どんプラ』の番組予算の一部も、出演する自治体が出資したが、営業を担当するのは、関連団体・ＮＨＫ名古屋ブレーンズだった。自治体のみならず、ＮＨＫブランドを使ってＰＲを展開したい東海地方のさまざまな企業に営業をかけ、多面的な資金導入が図られた。ＮＨＫで禁じられている営利活動ができるメディアミックスは〝一石三鳥〟だった。ＮＨＫと同じ番組を低い予算で作れること、その収入の一部はＮＨＫに還元されること、そのための出向職員を増やして本体の人員削減を図れることである。ＮＨＫの効率化と新たな業務展開のための関連会社は、八〇年代後半から九〇年代前半にかけて全国で一三社も設立されていった。現在、ＮＨＫ全体の財政規模七千億円弱のうち、およそ一割弱が関連団体からの収入とみられる。国会の超党派の決議で、このような〝努力〟が求められ、他方では〝ＮＨＫの商売〟と非難される。難しいテーマである。

隠密裏のプロジェクト

そのころ、近い将来に「ＮＨＫ東海放送局」として独立・民営化を迫られたら、名古屋放送局はどう生き残れるのか、その戦略案を構築せよ、という重いテーマが現場に突きつけられた。隠密裏に五人（企画総務室のＯ副部長、放送センター・開発担当のぼく、番組編成専門のＳさん、技術担当のＭ副部長、営業センターのＯ副部長）のスタッフが集められ、その立案作業が命じられた。すでに大阪放送局のＧ局長は、「文化とスポーツ」情報を中枢とする「西日本ＮＨＫ」の独立を宣言しており、当時の島桂次会長は〝政治的な国家管理に置かれるより自主的な民営化を選択する〟という姿勢で政府と対峙していた。これは個人的な信念の問題だけでなく、自民党の派閥間や、監督官庁である総務省内外の権益争いの側面も色濃くはらんでいたようでもあるが。[*2]

放送局で「中央と地方」という場合、ＮＨＫなら東京本部対全国の地域放送局、民放ならキー局対ネットワーク地方局という図式になるが、いずれにしても関西・東海などの「準キー局」などの例外を除けば、地方局が独自に制作・放送する「自主制作率・自社制作率」は一〇％〜二〇％である。当時のＮＨＫ名古屋局では一七％だったと記憶する。ぼくたち作業チームが、ＮＨＫ東海放送局での第一次「独立案」を作成するにあたっては、この自主制作率を、倍以上の四〇％にまで高めることが目標として与えられた。かなり高いハードルだが、メディアミックスを拡大し、自治体はじめあらゆるソースと連携して、自主制作番組を増やすことが必至の課題だった。二〇一一年に迫っている地上波のデジタル化も見越せば、近い将来の番組不足は必定だった。

中部管内七局では、年間およそ七〇〇億円の受信料を集め本部へ納めているが、そのうち中部に配布されるのは五五億円にすぎなかった。新たな「ＮＨＫ中部放送局構想」では、七〇〇億円のうち半分を東京に納め、残り三五〇億円の独立放送局になることを、一つの選択可能な自画像の試案とした。東海地方で比較すると、フジテレビ系列の東海テレビの事業規模の少し下、ＴＢＳ系列のＣＢＣ（中部日本放送）と同じ程度の規模の青写真だった。しかし一九九一年七月、幸か不幸か〝政府からの独立〟を掲げていた島会長が辞任に追い込まれ、またザブザブと広告費が湧き出していた日本のバブル経済もほどなく崩壊していって、独立民営化への圧力やうねりも次第に静まっていった。

公共放送の民営化の是非についてはともかく、このような「民営化計画」が隠密裏に検討されていたという事実を、放送の主権者たる視聴者・市民は、知っておく権利があるのではないだろうか。また政権政党や財界、総務省内部では、主権者である国民の知らないところで、放送局をどのように運営するか、折にふれて検討しているということも、視聴者・国民は十分留意しておくべきだろう。

繰り返される民営化案

どこの国でもそうだが、緊縮財政を迫られるとき、常に公共企業に対する政府の管理が強まり、効率化・民営化の圧力にさらされる。一九八〇年代に続いて、二〇〇〇年代前半にもさまざまな要因が重なって、政府はメディアをコントロールしようと波状的に攻勢に出てきて、NHKにも繰り返し民営化／国営化の波が押し寄せる。

最大の要因の一つは、二〇〇三年に始まったイラク戦争体制を進めるアメリカに同調して、小泉政権が放送界の反対を押し切って、[*3]一連のメディア規制を進めたことである。〇四年の通常国会で成立した国民保護法に基づき、政府は同年九月、NHKを含む東京・名古屋・大阪の二〇の放送事業者を「指定公共機関」に指定した。同時に都道府県知事が「指定地方公共機関」として、各地の民放を指定することになった。指定された放送局は、「有事」の際に政府が出す警報や避難指示、知事が出す緊急通報を放送し、被災情報を収集し、政府や知事へ報告することが義務付けられた。これらに先立って、平時のうちに有事に対応する業務計画を定め報告することも求められた。イラク戦争の批判的な報道や社説に対し、当時の自民党・安倍晋三幹事長は強く反発した。〇四年に行われた参院選で「政治的公平・公正が疑われる番組があった」とする警告文書を、各社に送りつけて威嚇した。

NHKではこの時期、決定的な二つの不祥事が起こった。〇四年七月、多額の受信料使い込み事件が発覚して以降、相次いだ不正事件であり、もう一つは、ETV特集「問われる戦時性暴力」（〇一年放送）への安倍官房副長官（当時）らの介入と、それによる番組改編の事実が、〇五年に朝日新聞によって大きく取り上げられて問題化したことだ。[*4] それらが相まって視聴者の受信料不払いによる抗議は、五〇〇億円にも達するほど激化した。海老沢勝二会長は国会に喚問され、ほどなく辞任に追い込まれた。

〇五年九月、「郵政改革」を掲げて衆院選で圧勝した自民党・小泉内閣の武部勤幹事長は、特別国会で政策金融機関やNHKの民営化を迫った。小泉改革の旗手であった竹中平蔵総務大臣の諮問機関「通信・放送の在り方に関する懇談会」でも、宮内義彦オリックス会長が率いる「規制改革・民間開放推進会議」でも、「NHK受信料制度廃止。放送のスクランブル化による料金徴収。子会社（関連団体）の統廃合」が望ましいという答申を出して、「公共放送」はいったん風前の灯のように見えた。しかしこの民営化案に経営がおびやかされる、と民放が猛反発し、各勢力による暗闘が続いた。小泉首相は最終的に、「NHKは民営化しないという閣議決定がある」と述べて、この議論を「受信料支払拒否に対する罰則の導入」と「NHKによる海外への情報発信の強化」へと方向転換させた。

小泉には郵政民営化という優先テーマがあった。NHK民営化を国民的議論の俎上にのせるには、準備がなさすぎた。また民営化の短期的効果はあるかもしれないが、国民の生活習慣に深く根付いている公共放送制度を覆すのは、予測できない大きなリスクを伴うことだったに違いない。アメリカのイラク戦争体制に追随していく一連の法整備で、政権が改めて確認したように、古今東西の権力は、有事には基幹メディアをコントロール下に置きたい、という本能が強く働くものだ。ＮＨＫはすでに報道局を中心に、自己規制によって政府寄りにシフトしてしまっている。民営化によって放送界や広告業界が混乱するより、間接的であれ、政府の影響下においた方が、総合的にメリットが大きいという判断をしたのだろう。二〇一三年以降の、安倍政権の露骨ともいえるメディア統制戦略は、まさにそのような野望的な図式を現実化する、一貫した姿勢を表している。

二〇一五年九月、またもや自民党の「放送法の改正に関する小委員会」（佐藤勉委員長）は、ＮＨＫ受信料の支払い義務化を検討するよう、ＮＨＫや総務省に求める提言を出した。

注

＊１　詳細はＮＨＫ名古屋放送局『ＮＨＫ名古屋放送局八〇年のあゆみ』ぴあ、二〇〇六年。
＊２　島桂次『シマゲジ風雲録――放送と権力・40年』（文藝春秋、一九九五年）参照。
＊３　民間放送連盟「武力攻撃事態法の成立に対する緊急声明」（二〇〇三年六月六日）など。
＊４　池田恵理子・戸崎賢二・永田浩三『ＮＨＫが危ない！』（あけび書房、二〇一四年）、永田浩三『ＮＨＫ、鉄の沈黙はだれのために』（柏書房、二〇一〇年）などに詳しい。

第４章　「女は何を食ってるんだろう?」——報道現場に女性が現れた日

1975年　国際婦人年、「国連女性の10年」開始。
1979年　国連総会における女性差別撤廃条約の採択。
1985年　ナイロビで国連女性の10年を締めくくる世界女性会議。
男女雇用機会均等法制定。
1988年　テレビ局に初の女性役員（山口放送取締役・磯野恭子）。ＮＨＫでは2001年伊東律子理事。
1991年　育児・介護休業制度が制定。
1993年　中学校で家庭科の男女必修化が実施（高校は1994年～）。
2015年　女性活躍推進法成立（301人以上の企業対象）。「夫婦同姓は合憲」最高裁判決。

「一億総活躍社会」「女性が輝く社会」だと首相に煽られながら、保育所に預けられず仕事に復帰できなかった女性のブログ「保育園落ちた　日本死ね!!!」で、女性の働く環境が二〇一六年夏の「参院選」の焦点の一つになって、政府は慌てて「待機児童解消緊急対策」を打ち出した。男女雇用機会均等法から三〇年、二〇一五年の衆議院議員に占める女性議員の数は四五人で、その比率は一九〇ケ国中一五四位だという（列国議会同盟資料）。今でも均等法や男女差別撤廃条約をホネ抜きにしようとする隠然たる勢力の抵抗は強い。この問題の本質は、女性の働く権利／生きる権利にとどまらず、現代社会の基本的な命題である「男女共生」や「多文化主義の受容」について、男性に投げかけられた問いでもあるのだろう。

均等法が成立した一九八五年は、日本の女性にとって革命的な年だったに違いない。法律としての均等法の完成度や実効性については、女性団体の間でも賛否両論が激しかったし、経営者団体からは公然たる反対が強かった。しかし、ともかくも国連の「女子に対するあらゆる形態の差別の撤廃に関する条約」を批准し、先進国に仲間入りをするためには、「雇用機会の均等」と同時に、「教育を受ける権利における平等」へと法体系を整備する必要に迫られた。

この年、国立婦人教育会館で開かれた「女性学講座〜性役割の流動化をめざして〜」という講座での「共働き」の分科会に、主催者からぼくが呼ばれた時のいきさつは忘れがたい。全国の自治体の男女共同参画の担当者を集めた、夏の研修会みたいなもので、ぼくの共働き体験を語ってほしいと要請された。外部の集会に出席・発言するについては、上司の許可が必要だった。形式通り許可申請書を出すと、すぐには許可が出ず、〝預かり〟になった後、上司はぼくに参加を考え直すよう促して、どうしても行くなら覚悟せよという、意味不明のことを告げた。人事部の指示だったのだろう。天皇・原発・女性問題は大きなタブーだとも囁かれていたが、ＮＨＫにとって「男女平等」は、それほどやっかいなものだったようだ。ぼくは奇妙な〝覚悟〟をして婦人教育会館への参加の返事を書いた。今、ＮＨＫの男女平等はどこまで進んでいるのだろうか？

「政治部に女は要らない」

ぼくが入局（一九六六年）してまもないころ、報道現場に女性職員はほとんどいなかったが、さまざまな役割の女性スタッフ（嘱託やアルバイト）はいた。それらの女性スタッフは、一様に「お嬢さん」あるいは「オジョー」と呼ばれていた。あるときぼくがその一人に「Aさん、これお願いします」と仕事を頼んだら、それを聞いた先輩が、「彼女は君のコレか？（アルバイトの名前を知ってるなんて、怪しい！）」と、指を立てて忠告（？）してくれた。また出勤時に、玄関の受付の女性からの「おはようございます」という挨拶に「おはよう」と答えたら、たまたま通りかかった某部長に呼びとめられて「受付の女に声なんかかけるものじゃない」と注意されたのには驚いた。女性と口をきくなというのが、八〇年代までの報道現場の一般的な風潮だった。同じように、職場で「泣く」ことはもちろん、「笑顔を見せる」ことも時々注意された。喜怒哀楽の素顔を見せるのは、どこにいるか分からない〝敵〟に弱点を見せることになる、といったマッチョな意味のようだった。霞が関の官庁でも、同様の話は時々聞いた。

一九八〇年、コペンハーゲンで開かれた「国連女性の一〇年世界会議」に、名古屋から自費で出席した女性たちのレポート番組を、ぼくが報道番組の企画会議（全員男！）で提案したときの議論が印象深い。「なぜ女が女だけの会議を開く必要があるの？」「女は何か悩みがあるのかね？」「女というのは、何を食ってるんだろうね？」という発言もあった。女性から見れば、文字通りブラックユーモアの世界だろう。しかし当時のＮＨＫの報道現場で生きている人たちの感覚では、職場のアルバイトの女性か、帰りに寄る飲み屋の女将か、妻くらいしか、女性の範疇に入っていなかったに違いない。現在の政治家たちの感覚が、そこからいくらか進歩があるだろうか？

男女雇用機会均等法が本気で実施されることになって、報道局内には激震が走った。もし女性が職場に現れたら、宿泊勤務体制をどう男性と組み合わせていけるのか？ 宿泊勤務者は通常、部屋のソファで仮眠をとるが、女性はソファで仮眠できるのか？ トイレなどのない事故現場の取材を、女性にも平等に割り振るべきかなど、やや滑稽で真剣な検討が続いた。一部の男性の反発も強く、当時の政治部長が「政治部に永久に女は要らない！」と豪語したという話も伝わった。もとよりぼくもオトコ社会にどっぷり漬かって育ち、恥多い生き方をしてきたので、偉そうな口をきく資格はないのだが、報道局現場の男たちの女性観というのは、ざっとそういう感覚だった。

テレビ報道職のリアルな実態

「華やかなテレビ画面の裏で、どのような人がどんな働き方をしているのか、職業としての報道／ジャーナリズムをどう考えているのか、どんな人生設計を立てているのかなどを、現場で働く五〇代管理職男女と、三〇代の若手男女へのインタビューをもとに明らかにしようとした」という、画期的な調査報告『テレビ報道職のワーク・ライフ・アンバランス』が、最近出版された。[*1] メディア現場で働いた経験を活かしながら、今は新しいジャーナリズム像の創出をめざす一五人の女性研究者・教員たちによる、実体験をも踏まえた共同作業だ。主として報道職にある女性たちを対象に、それぞれのキャリアやライフコース、企業内での仕事と評価、出世、世代による意識の違い、フリーランス・ジャーナリストの意識と実態、市民社会や生活者との連帯の可能性、ローカル局の位置などにわたる詳細な聞き取りがなされている。かけがえのない痛切な体験に基づく証言やデータで、これまでのステレオタイプな男女平等論、告発的な調査ではない。また定量的調査による統計的処理の研究成果とは違う、生の声の集積に強い説得力があり、あたかも綿密にリサーチ、取材されたドキュメンタリー番組のようなリアルさが漲っている。

証言した人たちが、報道職に就いた道筋や生き方はさまざまだが、女性の場合は非婚／フリーランスや、事実婚で働き続けるケースが多いこと、結婚した場合は育児や介護により働き方が制限されてしまうこと、職能と出世ではより自由な男性たちと差がついてしまうことなどが、浮き彫りになってくる。一方で、そうした「仕事か生活か？」という画一的で二者択一の思考を乗り越えつつ、たくましく生きている実態もリアルに見えてくる。育児や介護を抱えながら働くケースが多いことは、単に働く条件にマイナスに作用しているだけではない。社会的な弱者に寄り添うジャーナリズム活動、彼／彼女らの困難や怒りを共有し、市民社会との連帯を求めるジャーナリスト像を、地道に体現する契機になっていることなども、この報告書から読み取ることができる。

調査の仕方そのものが、夢や生活を抱えながら報道現場で苦闘する人たちに寄り添い、よりよいジャーナリズム像を探ろうとするもので、多くのフェミニズム関連書とは違って、理論的にオトコを啓蒙しようという臭みもない。安倍政権の「女性が輝く社会」という利用主義的政策へのカウンターパンチでもあろう。かねてからフェミニズム系のメディア論では、必ずメディア企業への雇用機会の平等、同一賃金などが言及・要求されていたが、この調査報告書ほどのリアリティをもった構造的分析はなかっただろう。メディア労働組合「婦人部」機関紙などでは、リアルな怒りの声は多いが、報道現場の構造を抉るという戦略まではなかったように思う。そういう意味から、調査報告でもあり研究成果でもあるこの書に、強く頷き、考えさせられた。メディアをめざす学生たちをエンパワーする参考書として実用的でもあり、メディアの人事・労務担当者の職場改革のための必読書だろう。しかし一方で、言語化・数値化できない実際の現場、企業戦士たちの激闘は、もっともっとドロドロだという自分の実感もある。

評価・出世はロイヤリティが基本

「男の報道職」の範疇で生きてきたぼくの経験から、この報告書のもどかしい点の一つは、「番組の受賞など、仕事の成果が出世や人事と連動していないのはなぜか」「出世・人事評価の基準はどこにあるかが不透明だ」といった、女性たちの素朴な疑問についてだ。

この調査では、現実の企業で人事評価制度の核心である「会社・組織への忠誠度・ロイヤリティ」へのストレートな質問がなされていない。しかし、たぶん大企業、全国企業で働く男性の多くは、〈人事評価の核心は会社・組織へのロイヤリティ〉であることを知っており、女性の多くは関心が薄い概念ではないだろうか。例えば、企業内の評価制度を人事・労務的に体現しているのは、企業内に張り巡らされたあれこれのコアなインナーサークル（権力中枢の側近として実権を握る少数グループ）だろう。

　インナーサークルのメンバーは、必ずしも上司や年長者とは限らない。すべての組織に存在するわけでもないだろうし、ＮＨＫや霞が関の官僚など大きな組織では、価値観や系統の違う複数のインナーサークルがある。表面に出ないダーティな仕事の処理をしたり、リスクの高い仕事を進んで引き受けることも厭わない（ような顔をしている）人たちで、主流は時々入れ替わりもする。企業内の危険な分子や組合活動を嗅ぎ分け、感知して、暗黙のうちに処理したり、企業内秩序に貢献する政治グループといってもいいウラの戦略的役割を担っていたりもする。ここで彼らを悪者めいた言い方をしているが、その評価は単純にはできない。

　インナーサークルのメンバーは、表面的な職位・職階名とは直接は関係ない。年配者でなくても、実質的な人事評価の原案を作ったり、アドヴァイスをする位置にいる。ＮＨＫの場合、その頂点に立つ人は人事・労務の実力者であり、往々にして政治家にも間接・直接に通じてもいる。しばしば〝御庭番〟と呼ばれたりもする。現在のＮＨＫが次第に〝籾井色〟に染まっていくのは、このような視えないシステムの効用である。例えばエリス・クラウス『ＮＨＫ vs 政治』は、各種の権力とＮＨＫの実質権力の関係について、かなり深いインタビューや調査を重ねている。しかしこの「テレビ報道職」調査では、ほとんどこうした構造の核心には迫っていないのが惜しまれる。

「東京にどれだけ勤務したか」も重要

またNHKやキー局など大きな企業での「出世」の基準では、ロイヤリティだけでなく、東京・首都圏にどれだけ長く勤務したかどうかも重要だ。ローカル局勤務は官僚たちの地方勤務と同じで、〝ドサ回り〟と呼ばれたりして、キャリアとして評価されない場合もある。この東京中心主義、中央集権的意識、「お上」中心意識というのは、金沢という〝地方〟に生まれ育ったぼくにとっては、度しがたいものだ。メディアや日本だけの現象ではない。その組織が文化的・社会的に後進的な意識や構造を抱えていることを象徴する指標であり、歴史的にも根深い。NHKでも、東京・本部に予算編成の権限、人事権、番組やニュースの編成権を含むすべての内部的権力や決定権が集中している。

例えば先の報告書が指摘する「昇進人事・出世」については、組織それぞれの定員枠があって、それは圧倒的に東京・首都圏に集中している。ぼく自身の例でいえば、同期入局の一五〇人の大学卒業者の中で、（自慢できることではないが）昇進が遅い〝最下層〟に属していた。取り立てて仕事をしなかった、ミスがあった、というようなことではない。職員は業務評価や転勤希望、昇進などについて、NHK労働組合（日放労）との間で、上司が面接して理由を示す協定を結んでいるし、毎年の人事異動ではヤマのように〝ウラの解説〟が出回るので、昇進が早い／遅いの理由はほぼ分かる。ぼくの場合、東京勤務以前に、福井・岐阜・名古屋で二一年間勤務した。この地方勤務期間は出世する人たちよりずっと長かった。

地域番組を愛していたことが第一の理由だが、個人的に組合運動や長良川河口堰建設反対の市民活動に入れ込んだこと、妻も働いていたので、家事・育児を分担していたという理由もあった。その結果、「地方勤務が長い。東京勤務の希望を出さない」という点が、個人的評価が低いウラの理由だった。逆に言えば、給料が安いことを我慢すれば、ある程度まで地方勤務ができる、という寛容な職場でもあるのだ。

第二のウラの理由は、「NHK集金人労働組合結成に深く関与した」ことへの懲罰だった。今は「地域スタッフ」と呼ばれている受信料の集金をする人たちは、NHK職員ではなく、一人ひとりNHKと契約して働く「自営業者」だとNHK経営者は言う。日放労に属していないため、労働条件や収入など身分的に不安定で、ある時期から労働組合を作る動きが表面化した。当時、NHK営業部の職員の多くは、この組合結成や権利要求によって、集金の能率が落ちると考えて、組合結成を中止させようとした。日放労も経営と呼吸を合わせて、露骨にこの組合結成を妨害した。密かにこの人たちを支援した営業現場の人権派の人たちに共感して、ぼくもそれを支援した。彼らのほとんどは地元採用の年配のオジサンたちで、労働組合法の初歩的な知識もなく、チラシを作る「ガリ版」の使い方も知らなかった。管理職たちの捜索を逃れて、一緒に近所の寺に泊まり込んだ。NHKにどんなにひどい扱いを受けてきたか、泣きながらそれぞれに語り、ぼくも泣きながら聞いた。

何とか組合結成は成功したが、この時支援したぼくたちの行動は、人事部の逆鱗にふれ、日放労からも嫌われた。番組制作の成果とはまったく関係なく、ぼくは二〇年間近くも差別的な評価を受け、昇進できなかった。ところが、である。東京でわずか四年勤務している間に、ぼくはするすると出世したのである。ある時期には、ぼく自身が人事の末端に関わる期間があって、昇進人事の定員枠の仕組みを知ることとなった。詳しくは書けないが、官庁と同様で仕事の優劣とは別に、圧倒的に東京・首都圏に昇進の枠や特権が集中しているのである。さすがに呆れもしたが、参勤交代以来の、日本のお上の権威を示す制度にはひどく感心した。人材を広く全国から求めることよりも、まずは「東京の力」を全国に誇示することが最優先なのだった。

その他にも管理職になるには、NHKやメディア産業全体の置かれている政治的・経営的環境、国会論議の概況やメディア官僚の考え方などを知っていること、つまり本部の動き、方針に敏感であることが必須の条件なのだろう。

〝献身する妻〟が傍にいるか

さらに報告書が指摘する「家族関係と出世」との関連で言えば、男の出世・評価の条件としては、愛社精神が旺盛な「標準的な家族関係」を持ち、「面倒な家族関係がない」ことも重要だ。専業主婦の妻がいる、寝たきりの親や不登校の子どもがいない、借金などのトラブルを抱えていないことなども、ポイントの一つらしい。ぼくが東京へ転勤した時、東京で暮らす大学生の娘との共同生活にならざるを得なかったが、妻が高校教員で岐阜にいたため、「妻が一緒でない者は〈家族〉にはあてはまらない」という理由で、家族寮が空いているにもかかわらず、借り上げの単身用マンションに入れられた（！）。

無条件で転勤に応じ、有事の際に献身する妻が傍にいなくては、男も評価されないのだ。

この報告書では、介護や家族のケアに時間を取られる女性のハンディ・差別は述べられているが、そのような家族をもつ男性への差別も同様に存在するのだ。そういう男性労働者像は、ステレオタイプな言説では表面化しないが、どこにでも確実に存在する。ぼく自身も、子育てを分担していた時期は長期の出張は難しいので、大型番組への希望は尻込みせざるを得なかった。心ならずも希望の職場への転出を断念するというのは、女性に限らない。激しい競争に勝ち残っていける男性／女性は、ごく少数だ。

また報告書には、「制作した作品が受賞したのに評価されないのはおかしい」という女性たちの声がある。まさにその通りなのだが、経営者の人事評価は、あくまで企業への忠誠度や貢献が中心だ。〝できないヤツでも出世はできる〟のだ。ついでに文化庁芸術祭賞、放送文化基金賞、地方の時代映像祭賞、ギャラクシー賞、民放連賞、ＪＣＪ（日本ジャーナリスト会議）賞など、放送に関わる賞はいろいろあるが、現場のディレクターたちが一番リスペクトする賞は、ギャラクシー賞か地方の時代映像祭賞だろうか。選考委員の評価が、現場の苦労をどれだけリアルに踏まえているか、現実社会を見ているかによるのだ。このほか記者には新聞協会賞などもある。

ＮＨＫ内に保育所を

ぼくはＮＨＫに入局した翌年、学生時代の友人だった現在の妻と結婚。岐阜局時代（一九六八〜七八）には、妻と一緒に幼かった二人の子育てを分担した。かつての岐阜市の公立保育所は一五時半までしか預かってくれなかったので、当然、保育所近くのおばちゃんにお願いして、二次保育・三次保育に頼らざるを得なかった。たまたま保育所がNHKのすぐ傍だったので、子どもたちは保育所に飽きると、しょっちゅうぼくの職場へ遊びに来た。守衛さんの部屋、労働組合の事務室、ついで報道番組の職場が保育所になった。保育所で保母さんたちがストライキをするときは、預かってくれるところがなくなり、職場で面倒をみながら仕事をすることもたまにあった。極端な時は、スタジオで簡単な番組送出の時に、子どもを左手に抱きかかえながら〝Qを振る〟（送出の指揮を取る）こともあった。それを上司に注意され、若かったぼくは「NHKに保育所を作るべきだ！」と食って掛かったこともあった。当時は、労働運動も強かった時期で、組合が強い一部の企業には保育所もあった。「NHK内に保育所を作る」ことが、小さな夢として長く残った。

それから二〇年、一九九一年にぼくが管理職になって名古屋局に戻ったときに、名古屋市の中心部・栄の二一階建ての現・名古屋放送センタービルができたばかりで、ビルにはNHK以外に二〇社ほどが同居していた。子育て中の女性たちもかなり働いており、保育所の希望もチラホラ聞いて、「よし、このビルに保育所を作ろう」と思い立った。ビル内に働く女性たち数十人にアンケートを取り、採算も計算した。ビル会社の社長の同意も得て、ついに「NHK初の職場内保育所設置！」、と意気込んだのだが、結果は意外なことになった。現実に入所者を確定しようとしたところ、「朝、職場であるNHKビルに出勤する瞬間には、子どもを連れていたくない。出勤途中のどこかの保育園に預けてから、単身で出社したい」という女性たちが多くて、結局保育所は実現しなかった。この〝女性の気持ち〟には、ショックを受けた……。

ワーク・ライフ・バランスの今

近年の内閣府の調査[*2]によると、二〇一三年の民放局従業員のうち女性の比率は一五・一％、管理職比率は一二・三％である。ＮＨＫではそれより低くて、広報局のホームページ[*3]によれば二〇一四年の女性比率は一五・七％、内管理職は五・二％になっている。同サイトは、「公共放送として、多様で質の高い放送・コンテンツを提供しつづけていくために、職員が最大の力を発揮できるよう、ワーク・ライフ・バランスと女性の積極的な登用を進め、男女ともに多様な働き方ができる環境づくりを推進していきます」として、具体的な数値目標を、女性管理職を三〇年までに三〇％に到達させることをめざし、「二〇年の管理職の割合を一四年の二倍以上にする」としている。たのもしい方針である。

さらにぼくが感慨深かったのは、第二の方針として「渋谷の放送センターの近くの保育施設に、ＮＨＫが法人会員として契約し、二〇一五年度から利用開始する」と宣言されたことだ。最近確かめたところ、予定した十数人の定員は二〇一五年度内に満員になったとのことで、かつてのぼくのトラウマがようやく癒やされる思いだ。さらに第三に、在宅勤務制度の導入、第四に、育児・介護のための休職している職員や短時間勤務の職員も、人事考課から公正・適正な評価を徹底する、とも宣言している。局内外の抵抗勢力との視えない闘いもあるに違いないが、健闘を期待したい。

ＮＨＫ人事局ワーク・ライフ・バランス事務局長として政策をリードした泉谷八千代（現・松山放

送局長）は、「ＮＨＫの職員は二〇代・三〇代では女性の比率も増えています。二七年の採用者は三割程度が女性です。管理職のうち女性の割合は、六・一％。ＮＨＫでは、今後女性職員を積極的に採用し、管理職へ育てていき、二〇年までに女性管理職の割合を今の二倍以上にしようという数値目標を掲げています。組織は多様な価値観を持った人が集まってこそ成長できます。私は『今までの働き方は筋肉モリモリのマッチョ系。でも、これからはインナーマッスルを鍛えよう！』と言っているんですが、多様性（ダイバーシティ）というのは組織にとって見えない筋肉なんです。今までのように表面の筋肉ばっかり鍛えていては、組織として疲弊してしまいます。これからＮＨＫに入ろうという人たちが管理職になるころには、職場もまた社会の空気も、今とは全く違ったものになっているでしょう」と志望者たちを励ましている。

一方、就職・転職ガイドサイトとして人気のある「ＶＯＲＫＥＲＳ」*4のＮＨＫコーナーには、現職や元職からのコメントが並んでいる。「他の企業に比べて男女間の差別は少ないほうだ」とか、「バランスの取れた企業だ」と評価する声は多い。一方で、「職場慣行が保守的、官僚的」などの評価も少なくない。「記者にワーク・ライフ・バランスを重視するという習慣はない」「体力的にきつい職場だが、配慮は上司の差によるところが大きい」「産休・育休は制度としては整っており利用している人も多い。しかしタイミングを間違えると一生コースに乗れないと言われている。二〇代で取るのは難しい。産休・育休の取得者に対するほかの社員からの風当たりはかなり強い」「ある一面では女性は働きやすいといえる。が、何一つシステム的なフォローは行われず、組織として単に女性を中心に据えようとしているのみ。場当たり的な対応しかしていない（笑）」というリアルなコメントもある。

男たちが長い間かけて作ってきた社会や政治のシステムは、なかなか手ごわいものだ。記者たちは好き好んで夜中に働いているわけではない。政治家・官僚たちが夜中に政治を動かす悪習から脱することができず、政治部をはじめとする取材・報道職場が、〝夜討ち・朝駆け〟と称して、政治家・政府の動きを中心に回っている限り、ワーク・ライフ・バランスの達成は簡単ではない。しかし彼女らは前進しつづけるだろう。彼女らのパワーがなくては、もうＮＨＫは成り立たないからである。

注

＊1　林香里・谷岡理香編著『テレビ報道職のワーク・ライフ・アンバランス』大月書店、二〇一三年。

＊2　内閣府『共同参画』六六号、二〇一四年三・四月号。

＊3　ＮＨＫ広報局ＨＰ、二〇一五年二月。http://www.nhk.or.jp/saiyo/（最終閲覧日二〇一六年一月）

＊4　「ＶＯＲＫＥＲＳ」http://www.vorkers.com/company_answer.php?m_id=a0910000002aDIn&q_no=5（最終閲覧日二〇一六年一月）

II 内なる権力と報道番組の吃水線

扉写真：大垣市内長徳寺に懸かる唐代の梵鐘と、それに刻まれた“恨みの文字”（第５章）

第5章　「その取材を中止せよ」
――児玉機関の亡霊に慄く政治家

902年	広東で鋳造された梵鐘、清泉禅院で供養。
1937年	日中戦争始まる。
1938年	日本軍広州へ侵攻。
戦時中	児玉機関が海軍航空本部の嘱託としてアジアで暗躍。
1941年	日本軍、広州から唐代の梵鐘を持ち帰る。
1945年	長徳寺住職ら大垣駅前で唐代の梵鐘を買い取る。
1983年	NHK『土曜リポート』などで『旅路・唐代の梵鐘』放送。
1984年	児玉誉士夫死去。

どの社会でもあるように、テレビにもタブーというものがある。問答や解釈を許さない社会の暗部だ。特に昨今のNHKは、政権の意向に敏感で、日米関係や安全保障問題、原発再稼働、震災復興の欠陥、TPPや閣僚の不祥事などなど、要するに政権が嫌う、微妙な問題を〝リスク案件〟などと言い換えて新たなタブーを生み出している。

企業ジャーナリストは、地雷のようなリスキーなテーマには近づかないよう、日常的に教育されている。近年は、首相官邸の公式な記者会見においてさえ、鋭い質問をする記者は減ってきて、ただ黙々とパソコンを叩くだけの、質問しない、取材できない記者が多い。

タブーというものは、ジャーナリズムの授業でも教えられることはないので、ひそひそ話で伝わっていく。もともと宗教的な聖域や禁忌から発生したものだから、政教分離や近代合理主義が浸透すればなくなっていくはずだし、法と論理が支配する現代社会、特にジャーナリズムでは、あってはならないものだ。しかし独裁的な権力が支配する社会や、敵対的な異文化が拮抗している社会では、権力との争いや政治的摩擦を避けて、タブーにされていることは少なくない。報道現場では、戦後長い間、アメリカとの関係をはじめ国際間の問題、天皇制、部落差別、原発、ジェンダー、右翼、暴力団などのテーマに関わって、さまざまなタブーが存在してきた。もとより、多少の危険は覚悟しながら、正義感やあるいは野心や功名心から、フリージャーナリストを中心に、ギリギリまでタブーの核心に迫ろうとする人たちも、少なくはない。

ぼくもいくつかのタブーに遭遇してきたが、以下の児玉機関のケースは、正規の企画として採択されて取材を重ねながら、強い政治的な放射能を放つソースに近づきすぎて、現場でのインタビュー直前に取材をストップされた。戦後日本の隠された政治構造の闇に、わずかに照明を当てることができたが、強い敗北感も残った。

大垣・長徳寺に唐代の梵鐘が

一九八三年春。ぼくは岐阜県大垣市の西のはずれ、三ツ屋北方町の小さな寺・長徳寺に、ひっそりと懸かっている中国製の梵鐘のたどった数奇な〝旅路〟を追っていた。高さ一三七センチ、直径七三センチ。この鐘に鋳込まれた銘から、これが中国・唐代末期の天復二年（九〇二年）に広東で鋳造された後、清泉禅院で供養されたと分かる。撞座《つきざ》（撞木《しゅもく》が突かれる円形の座）の位置が、中世以降に作られた梵鐘より高い位置にあることが特徴的である。その後清朝末期には、広州・元妙観という寺にあった由緒ある鐘であることが、中国の歴史資料『広東通志』に載っていて、日本の一部の専門家にもすでに知られていた。唐代に作られた鐘は中国にも四個しか存在せず、日本に存在する梵鐘としては最古のものだった。それ以前の鐘は、鐘楼に釣り下げるような大型のものではなく、机上に置いたり、軒先につるす小型のものだったという。

つまり長徳寺の梵鐘は、国宝級とでもいうべき貴重な文化財である。文化庁もうすうすこのことを知っている気配があったが、これを公にできない理由があった。実はこの梵鐘の頭部と下部に、鋭い刃物で〝恨みの文字〟が刻まれているのだ。いわく「臧倭酬祖宗　除絶報千古　二七、六、一二日」「晨鐘怒哮　中華民国」。つまり「日本を滅ぼし、祖宗に酬い、（わざわいを）除絶して千古に報いよ」「鐘よ、朝（あした）に怒り吼えよ　中華民国　二七年六月十二日」、と訴えているのだ。中華民国二七年とは、一九三八年である。前年七月には盧溝橋事件をきっかけに日中戦争が始まり、三八年には日本は南京に傀儡《かいらい》政府を作り、広州へ侵攻した。その広州にこの鐘があったのだから、中国の人たちが日本軍の侵攻から逃げるときに、この文字を刻みつけて置き去りにし、占領した日本軍が持ち帰ったのではないか、という推測が成り立つ。

この鐘が現存する大垣市の美術家、故・中島実氏や、長年、日中友好運動に携わってきた故・福田龍郎氏が断片的に語ってくれたこの鐘の謎は、ぼくにとって十分魅力的だった。どんな運命に導かれて、広州から大垣までの旅をしたのか？ ドキュメンタリーとして追跡しはじめた。長徳寺の住職は、戦時中に軍部に供出させられた梵鐘の代わりに、戦後、檀家の人たちと一緒に大垣駅前のヤミ市で五万円で買ったもので、日中戦争とは関係ないと繰り返し弁明していた。大垣市長や市の文化財担当者、商工会議所のリーダーたちは、新しい鐘のための予算を組んで、住職に梵鐘を市に任せるよう求めたが、合意には達していなかった。文部省の文化財担当者も、密かに見学に来たという話である。美術関係者は、鐘は製造年代が古いほど、砂の割合が多いという組成から、音響もよくないが、もろくて壊れてしまうのではないかと心配していた。さらに宗教関係者は、宗教上の観点から返還を勧め、それぞれに住職に働きかけていたが、事態は変わらず、問題はこじれきっていた。

児玉機関の取材を中止せよ

「そのインタビューを中止せよ」と、上司からぼくにただならない指示があったのは、宮島の競艇場で広島県モーターボート競走会のＩ氏にインタビューしようと、ＮＨＫ広島局で機材を整えていた最中だった。かつて児玉機関にいたI氏には、戦時中、児玉機関が中国の占領地から日本に運んだ可能性のある文化財やこの梵鐘について、当時の事情を話してもらう予定だった。児玉機関とは、戦前・戦中、超国家主義者としてさまざまな右翼活動をリードした児玉誉士夫が率いた個人商社で、海軍航空本部の依頼によって軍需物資や資金を強引に調達し、巨額の財をなしたことで知られている。その活動の一角に迫ろうとしていた矢先の中止指示である。ショックだった。「インタビューを中止しなくてはいけない理由は何ですか？」と食い下がったが、「理由は言えない。ともかくやめなさい」と、問答無用だった。

正規の番組提案を通した上での取材である。ディレクターであるぼくに、正式に理由が示されない取材中止の指示は極めて不愉快で、ディレクターとしてのプライドとアイデンティティを否定されたようなものだ。なぜ、児玉機関の関係者へのインタビューを中止しなければならないのか？ 背後に、報道局政治部の影がチラチラしていて、想像するだけヤボというものだった。

しかしインタビュー中止の業務命令に正面から逆らうことは、就業規則違反になるか、あるいは抗議して最終的には身分をかけるかの選択になる。企業では、業務命令は絶対的である。そもそも入局して以来、「業務命令に異議を申し立てる手続き」などというようなものは聞いたこともない。血気盛んな多くのディレクターや記者たちは、若いころ一度や二度は、上司やデスクと衝突しながら、企画や提案を通す駆け引きを覚えたり、先輩を見ながら手練手管を習得していくものだ。どこまで水がくると沈没するのか、その吃水線をだんだん見極めることができるようになる。

矢沢永吉のロックバンド「キャロル」を追ったドキュメンタリーを作ったディレクター・龍村仁先輩は、ＮＨＫが大幅に改作したことに怒り、休暇を取って、ＡＴＧ（アート・シアター・ギルド）で上映するための映画『キャロル』を撮った。ＮＨＫはその休暇を許可せず、「業務命令違反」でクビになった。[*1] 休暇は労働者の権利であるため、解雇処分の正式な理由は、「飲食が許されていない局舎の廊下でジュースを飲んだ」とか、「自分の机の上で私用の葉書を書いた」とかいう滑稽なことだった。つまり権力が処分しようとすれば、何とでも理由は探せる、という教訓を、ぼくは裁判の傍聴席から学んでいた。ところでこういう裁判の傍聴に行くと、人事・労務の職員が裁判所の入り口あたりで、誰が来たとかチェックしている。人事考課（勤務評定）にバツを付け、昇進を遅らせ処罰するためだ。

その他のさまざまな放送中止事件も、処罰事件も、いろいろウワサは聞いていた。取材中止の指示にどう対処すべきなのか、相談する相手もほとんどいなかった。ケンカは一人では勝てない。連帯すればよさそうだが、記者やディレクターは本質的に互いに独自のネタを追っかける競争相手でもあるわけで、よほどの信頼関係がないと、深い連帯はなかなか難しいものだ。ここでは命令に逆らって勝てる見通しもなく、他日を期して撤収せざるを得なかった。次の日、福岡でのロケも迫っていたし、政治部が介入できない他のルートを確保していたこともあった。

報道番組の微妙な位置

ＮＨＫの放送現場（放送総局）は、おおざっぱには「報道局」と「制作局」に分けられる（九四頁の組織図を参照）。報道局は記者を中心に原稿を出稿する「取材センター」と、ニュース原稿や映像を組み合わせて送出する「ニュース制作センター」、企画番組を制作する「報道番組センター」、映像取材に関わる「映像センター」などに分けられる。ぼくの仕事は、基本的に報道番組系である。取材センターの記者たちは、政治部、経済部、社会部、科学・文化部、国際部、生活情報部に分かれる。政治家・政権・官庁との距離が近く、影響力も大きい政治部は、伝統的に保守的である。第一義的に政権を意識して原稿を書いているといっていい。社会秩序や治安を優先している集団とでもいうか、政権が危険・不利なことにならないよう情報を管理し、しばしば他の部が書いた記事に異議を唱えたり、強引に介入することも厭わない集団である。

二〇一六年春、国谷裕子キャスターの降板に至った『クローズアップ現代』で、政治的なテーマが何回か自民党の攻撃に遭いながら健闘してきたのは、この番組の担当が記者中心の取材センターではなく、報道・制作局を横断したディレクター集団に主導権があるためだ。『ＮＨＫスペシャル』が〝がんばってる〟という、やや核心を外れた評価を受けることが多いのは、同様に報道局・制作局の混成チームからなっていることにもよる。ＥＴＶ（教育テレビ）や衛星放送の番組、ラジオ番組などは、もっと政権からの距離が遠いため、政治的な自由度が大きい。

ところで、ぼくのような馬のホネが、ＮＨＫの番組を企画・制作する、電波で放送できたという、不思議で畏れ多い権能が与えられていることを、おろそかに考えてはならないだろう。重い責任を伴うことでもあるものの、ＮＨＫという公的な場で自分の企画や想いを放送できるということの醍醐味という

NHK 組織図

（2015年3月31日現在）

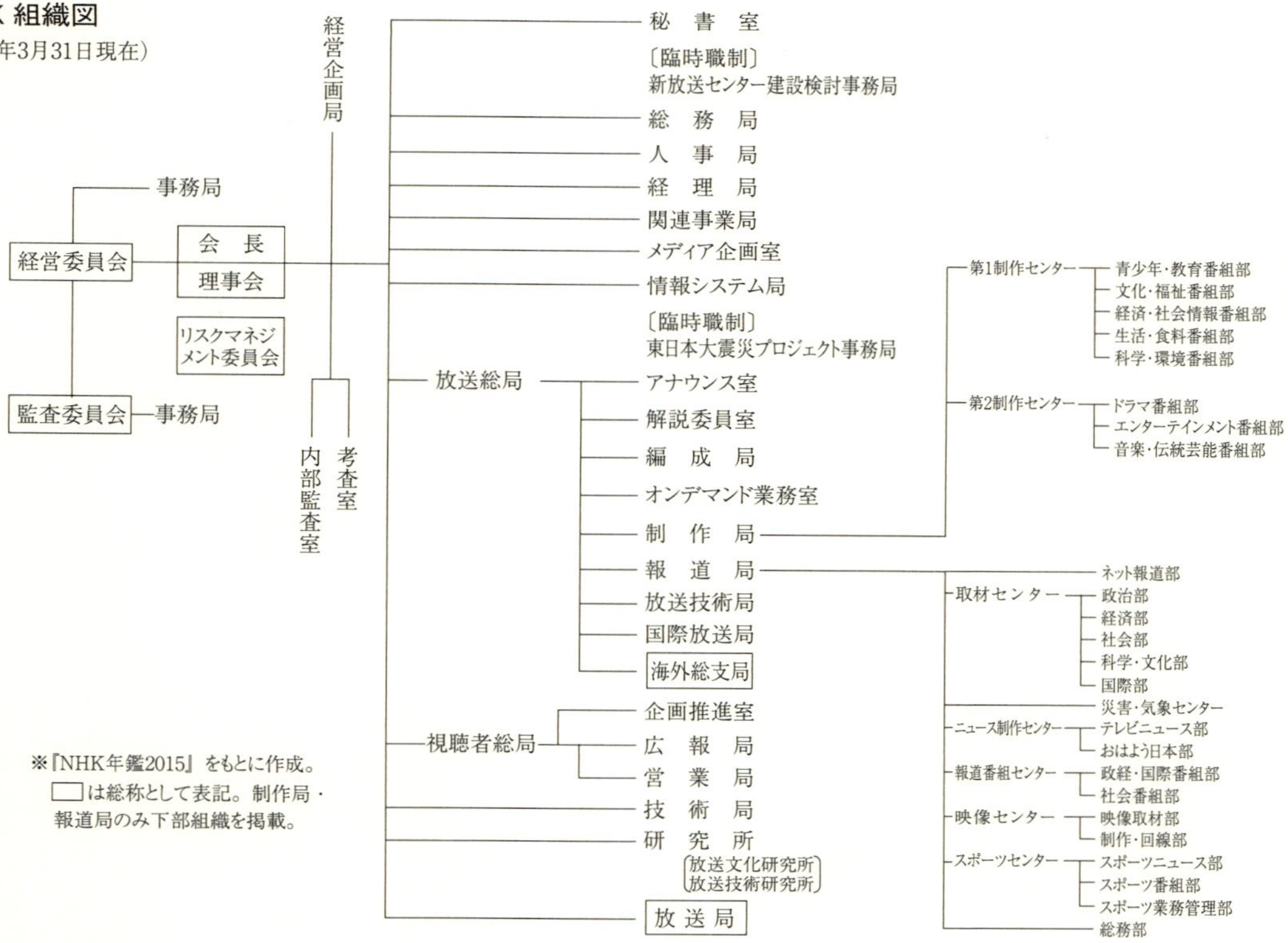

※『NHK年鑑2015』をもとに作成。
□は総称として表記。制作局・報道局のみ下部組織を掲載。

のは、簡単に捨てがたいものだ。資格試験や免許もないのに、記事を書き、番組を作って、何万人かに見てもらえるジャーナリズムという仕組みは、僥倖に近い。厳しいハードルやダメ出しがあり、過酷な業務が続いても、みんな口には出さないが、ラッキーで特権的な自由だということを熟知している。担当する番組の目的とその影響に対する確信があれば、不条理な業務命令に従うことの多少の無念さには代えがたい。

それでも深いストレスが溜まると、辞表というものを二度ばかり本気で書いてみたこともある。悩んだ末に妻に言うと、「いいんじゃないの。それで自分らしく生きられれば」とあっさりしたものだった。辞表を出すタイミングや相手が悪ければ、ハイそれまで、ということになるが、ぼくの場合、いい先輩がいて、慰め諫めてくれて撤回した。

NHKニュースはなぜ保守的か

ことあるごとにNHKニュースの必要以上の慎重さ、権力に寄り添う保守性が指摘される。近年の典型的な例では、法案内容や進め方に多くの国民の批判が強かった二〇一三年の「特定秘密保護法」について、ほとんど検討する番組を作らなかったことや、二〇一五年の一連の安保法制審議の報道姿勢が、非常に保守的であったことが挙げられる。『安保法案　テレビニュースはどう伝えたか』が詳細にレポートしているが、[*2]例えば、安倍首相が「ポツダム宣言を詳らかに読んでいない」と答弁したニュース（五月二十日）、憲法学者が法案廃棄を求める声明を出したニュース（六月三日）、SEALDsの渋谷でのデモのニュース（六月十四日）などなど、TBSの『ニュース23』やテレビ朝日『報道ステーション』では報じているのに、NHKは伝えないといった事例が、連日のようにあった。特に悪質なのは、NHK自身（社会部）が六月に全国の憲法学者（「日本公法学会」会員）に行ったアンケートで、「安保法制が憲法違反か、その恐れがある」と答えた人が四二二人中、三七七人だったにもかかわらず、その事実を長く公表しなかった。社会部内部からの批判もあって、七月二十三日になって『クロ現』だけでやっと一部を短く伝えた。恣意的に世論を誘導しようとする悪質な報道姿勢である。

このような「NHKの保守主義」は、一体どこから来ているのか。さまざまなNHK分析の中でも、エリス・クラウスの『NHK vs 日本政治』[*3]が体系的な解説をしていると思えるが、ぼくなりに乱暴に整理すると、こういうことではないか。

第一に、一九一五（大正四）年に制定された無線電信法第一条には「無線電信及無線電話ハ政府之ヲ管掌ス」とあり、電波はスタートした時点から、国家が管理するという前提だった。東京放送局・大阪放送局・名古屋放送局が発足した一九二五年は、普通選挙法が成立するとともに治安維持法も成立し、日本のラジオは出発時から戦時色に彩られていた。その後、戦時体制の下での情報統制は言うまでもない[*4]。

第二に、戦後NHKが再出発する時、生き残っている逓信省官僚や政治家などの強い中核があり、民主化を求めるGHQと鋭く対立した。GHQは電波監理を政府から独立した行政委員会・電波監理委員会とした。しかし電波監理委員会設置法は、占領が終わってGHQが引き上げると直ちに廃止された。

こうした法制度や権益については、『20世紀放送史』（日本放送協会）や『マス・メディア法政策史研究』（内川芳美）などに詳しい。結局、戦後体制の中で政権党（ほぼ自民党）が、放送局支配の中核である電波監理権を掌握してきた。田中角栄が郵政大臣だった一九五七年、テレビ免許の大量割り当てによって放送行政を掌握し、その調整過程で巨額の政治資金を調達していったといわれる。当時の小野吉郎郵政事務次官は後にＮＨＫ会長となり、浅野賢澄文書課長はフジテレビ会長に天下った。電波官僚とテレビ業界の癒着は周知の事実である。

第三に、ＮＨＫにとっては政権の意向に沿うことが、受信料値上げや、国会でのＮＨＫ予算・決算の承認に直結しているという、放送制度上の構造がある。監督官庁である総務省の意向や、国会の総務委員会を舞台にした議員たちの、時に乱暴な言動が放送行政を強く左右している。ＮＨＫ会長だった島桂次は自伝『シマゲジ風雲録――放送と権力・40年』の中で、「郵政省渋谷出張所」と称されたＮＨＫと官僚の癒着や議員や横暴を赤裸々に描いている。また経営委員会会長代行を務めた上村達男の『ＮＨＫはなぜ反知性主義に乗っ取られたのか』は、昨今の、ＮＨＫに対する安倍政権の露骨な介入や、籾井会長の蒙昧さ、経営委員内部の迷走などについて活写している。

第四に、ロッキード事件報道をはじめとする権力との政治的な確執や、報道局内の政治部・社会部・報道番組部の主導権争いなどのトラウマから、政治的な無関心を装っている管理層が多数を占めてきたことによる。面倒な議論を避け、相互監視と思考停止状態の相乗効果が、全局的に政治的沈黙をもたらし、特に報道現場にドストエフスキーの小説のような、根深い重苦しさを生んできたのだろう。

そして第五に（これが最も重要なことに思えるが）、職員の採用が、既得権層出身者に偏っていることだろう。有名大学卒業者（ほぼイコール高所得層）や、首都圏や大都市圏在住者が優先的に採用されている。ぼく自身もそのようなコースをたどった。先輩・上司から「社会運動には近寄るな」「アカの集まりに行くな」との、親切な（！）アドヴァイスを繰り返し受けて育ったことは印象深い。

こうした重層的な電波行政とそれに育成されてきたＮＨＫの歴史と構造によって、基本的にＮＨＫの保守的な土壌が作られ、再生産されている。

防衛庁の人に導かれて

梵鐘の話に戻る。実際にこの梵鐘の音響や寿命はどうなのか、どういういきさつで、誰が大垣まで運んできたのか、少しずつ関係者から取材を進めていった。もとより住職には、檀家の協力も得ながら礼を尽くして繰り返し取材の申し入れをしたが、頑として応じてはもらえなかった。一方で、中国から日本に持ち出された梵鐘を調べていくうちに、「文化遺産の略奪禁止[*5]」など、戦時国際法で禁じられている「戦利品」として、この鐘だけではなく全国各地、特に関西・九州に多くの梵鐘が運び込まれて（盗まれて）きていること、朝鮮やベトナムからも運ばれてきていることも分かってきた。

外務省外交資料館や防衛庁戦史部（現・防衛省防衛研究所）で、当時の外交文書などに当たっていくと、文化財の移動や奪い合いに関する、日清戦争や辛亥革命当時からの膨大な関連文書が残っていて興味深い。中国内部の国民党、共産党、各地の軍閥、日本の軍部などが複雑に入り組んで、闇の中で格闘している。それぞれの命令や報告の電報や記録をたどると、清朝の奉天（瀋陽）宮殿や北京・故宮などにあったおびただしい宝物、文化財が、戦乱と共に、台湾へ、日本へと運ばれたり、奪い合う様子がリアルに見えてくる。

長徳寺の梵鐘に関する資料を探して、防衛庁内で何日か粘った。しかし短期間の取材では、それらしいものは見つからなかった。落胆して資料室を出たとき、それまで世話をやいてくれた人が、そっとぼくを手招きして囁いてくれた。「近衛連隊の戦友会に連絡してみたらどうですか…」と。その大切なヒントは、行き詰まった取材の大きな助けになった。それよりも防衛庁内部に、こうした〝公僕としての倫理〟というか、〝歴史的な真実を追求する良心〟のようなものが息づいていることが、しみじみとうれしかった。

この場合だけではなく、どんな組織の中にも冷静に世の中を見ている人がいて、大事な時に小さな行動を起こすことを、さまざまな取材の折に悟ってきた。捨てられたはずの「薬害エイズの資料」が厚生省の倉庫から〝発見〟されたとき（一九九六年）や、存在しなかったはずの沖縄返還時の「密約文書」が公開されたとき（二〇一〇年）など、真実を守ろうと無言で努力している人たちの存在を思わざるを得なかった。その人が、なかったはずの資料を〝発見〟するタイミングの判断や相手を間違えると、大変なことになるのだ。そういう賢人は、どこにいるのかは見えないのだけれど、必ず存在するのだ。そういう確信が、答えの見えない取材を進めていく際の、人間に対するぼくの信頼感の基礎にある。

結局、中国南部へ侵攻したのは、第五、第八、第百四の各師団と近衛混成旅団であること、一九四一年に日本へ帰国できたのは近衛旅団だけだったことが分かった。そして、防衛庁の人のありがたい示唆によって、ぼくは岐阜の長良川で鵜飼い遊びに興じる近衛連隊の戦友会に参加させてもらった。当時、広州に駐屯した彼らのうち、南寧近くの楽善村付近にいた中隊が、藁の中に隠された梵鐘を見つけたらしい。それを戦利品として意気揚々と持ちかえったのがそれではないかと、悪びれもせずに、盃を傾けながら陽気に話してくれた。日中戦争参加者に「勝ち組」がいる、と誰かに聞いた記憶がある。ほとんどの中国派遣軍は、戦局の悪化の中で、南方での絶滅戦に送りこまれていったが、ほとんど無傷で中国から還った一部は「勝ち組」だと……。やっと謎の梵鐘のおおよその輪郭を摑んだのに、何かやるせなかった。

児玉の亡霊におびえた政治家とＮＨＫ

ハードな取材を積み重ねた番組は、一九八三年五月、東海ローカルのドキュメンタリー『金曜22時追跡・謎の梵鐘』と、七月全国版『土曜リポート　旅路・唐代の梵鐘』として何とか放送できた。夏になるとＮＨＫでは、戦争の記憶や記録の発掘、歴史の見直し的番組が多くなるので〝八月ジャーナリズム〟と揶揄されることもあるが、何もやらないよりははるかにマシだ。そのつもりではなかったが、この番組も「夏の戦争モノ」と分類された気配もあった。この放送がきっかけになって、旧軍によるほかの小さな戦利品を返還する動きも起きた。しかし、肝心の長徳寺の住職も檀家も、宗教世界にも大きな波紋は起きなかった。もとよりＮＨＫの番組が、何かのタメに作られることは好ましいことではないが、この鐘をめぐる渦巻きの中核に反応が起きなかったということは、とても心残りだった。一方、この鐘のことを知った東本願寺派の若い僧侶たちが、仏教のあり方や改革をめぐる集まりを開いて議論してくれたことで、少し救われた気分にもなった。

ところで、あの「インタビュー中止」指示は、何のためどこから出たのか、ぼくの中でずっと引っかかっていた。それから数年後、東京・本部報道局へ異動になってからも、執念深く〝中止命令の謎〟を追った。それはディレクターとしての拘りでもあり、このテーマにまとわりついている暗い謎を突き止めたいという思いだった。過去の取材中止の指示についてなど、オープンに語り合える雰囲気は、報道現場にはまったくなかった。政治部記者から報道局長を経て副会長に上り詰めた島桂次（後に会長）の威光は、圧倒的だった。そうした雰囲気の中で、執拗に「中止命令の謎」を追っていくと、その筋の物知りが当時の政治報道の構図をそっと教えてくれた。その事情通によれば、鐘の取材に駆け回っていた一九八三年、児玉誉士夫（一九一一年〜一九八四年）は死の床についていたようだ。

太平洋戦争開戦後、海軍は銅、ボーキサイト、タングステン、ラジウム、ニッケルなどの軍需物資を必死に求め、児玉機関や水田機関に調達させていた。それらのいきさつは児玉誉士夫の自伝『風雲』などに詳しいが、彼らはこれらを入手するため、塩・砂糖・衣服などの「見返り物資」の調達、偽札や麻薬取引にも手を出すなど手段を選ばなかったという。鉱山や農場の経営、闇物資の蓄積などで、児玉は巨額の富を築いた。戦後Ａ級戦犯の疑いで一時逮捕されるが、釈放後、河野一郎、緒方竹虎、岸信介、大野伴睦、佐藤栄作ら、戦後政治を動かした政治家たちのパトロンとしても、右翼や暴力団、政治家の間のフィクサーとしても、大きな影響力をもっていたことはよく知られている。さまざまな過激な活動を繰り返してきた児玉が、死期を悟って、密封してきた数々の政治取引に関して、何かとんでもない発言をするのではないかと、権力の中枢を歩いてきた政治家たちは戦々恐々だったらしい。ぼくの番組企画書はNHK内部のものではあったが、当時の『NHK特集』班や『土曜リポート』班に提案していたのだから、児玉の動きにピリピリしていた政治記者が、報道番組の企画書をチェックして、取材中止の〝助言〟をしても不思議ではなかった。そういうことだったのかもしれない……。極度に忙しいロケ日程の中で、広島を迂回させられた記憶が、苦く蘇った。

秩序維持、監視が〝使命〟の記者たち

ＮＨＫの場合、広告スポンサーからの圧力というものはほとんどないが、予算・決算を審議する国会の総務委員会関連の政治家からの圧力、行政・政治家への忖度や取引、習慣化した自己規制といったことは、前述の通り日常のことである。こうした政治家や行政への忖度は、小さな地方局では割と目立ちやすいが、システムが巨大で、権力に日常的に寄り添っている東京では見えにくい。政治的な計算や駆け引きは隠然と行われ、なかなか表へは出ない。例えば、ぼくが本部・東京のニュース番組のデスクだった時代の例を挙げても、審議中だった「個人情報保護法」が内包する人権侵害のリスクを指摘した番組について、法案成立まで放送を延期するよう、政治部デスクが執拗に求めてきて、厳しく言い争ったことは忘れがたい。あるいは「終戦の日」をめぐるニュースで、野党主催の千鳥ヶ淵の慰霊祭を政治

部デスクが無視しようとし、これを取材した社会部のデスクとの間で激しく論争した場面も印象的だ。「御庭番」と揶揄されることもある一部の記者たちは、絶えず官庁・政府の側に立つことが当然のこととして習慣づけられ、それでＮＨＫトップや政権からの信用を得ているのだ。

ちなみに最近事件になった、テレビ朝日『報道ステーション』の古賀茂明コメンテーターは、首相にリードされたテレビ朝日・早川洋会長が、政権に次第にすり寄っていく過程や、『報ステ』を切り捨てていこうとするテレ朝内部の複雑な対応、自己規制の過程について詳しく語っている。[*6] 例えば、『報ステ』の川内原発の審査をめぐる報道で、意図的な編集があったと原子力規制委員会の抗議を受けたテレ朝が、自らＢＰＯ（放送倫理・番組向上機構）へ『報ステ』を訴えるという内部闘争。あるいは安倍政権の〝お友達〟と批判される番組審議会・見城徹委員長（幻冬舎社長）は、番組審議会の席上で『報ステ』コメンテーター・恵村順一郎を名指しで批判するとかの確執などを挙げている。また古賀氏が外国特派員協会で講演した後、某テレビ局の記者が、「（古賀氏のようなことをされると）我々がやりにくくなる」と苦情を述べたという記述も、いかにも一部の記者の利己的なレベルを示していて興味深い。原発問題のニュースや番組のスポンサーに関わるタブーや介入と放送局側の自粛・萎縮・放送中止などについては、砂川浩慶・加藤久晴らのレポートがリアルだ。[*7] また有名な（！）安倍晋三元官房副長官らの介入によるＮＨＫ『ＥＴＶ２００１』「問われる戦時性暴力」改編事件についても、多くのレポート[*8]や東京高裁の判決、ＢＰＯの意見書などが、ＮＨＫの政治的位置の一部を示している。メディア総合研究所の『放送中止事件50年――テレビは何を伝えることを拒んだか』や雑誌『放送レポート』は、そうした

「事件化した放送中止番組」の多くの例を丹念に記録している。

自己規制の多重構造

取材への介入や自己規制というものは、無能でことなかれ主義の上司や、権力へのゴマスリ政治部だけが悪い、という単純な構造ではない。ＮＨＫの場合、多様な解釈が可能な「公共放送」という法制度、受信料の政治的で不安定な決定構造、予算・決算の国会承認のための工作をする鵺《ぬえ》のような一部の中枢組織、国会総務委員会での暗闘、経営委員選出や会長選出の不透明さ、その他さまざまな要因から、権力にとって都合の悪い取材・放送への干渉・介入が起きており、一筋縄ではいかない。

それどころか、権力にとって都合の悪い取材や企画のチェックこそが、自らのミッション、公共放送ＮＨＫの役割だと確信している記者、ディレクターやＮＨＫ内部の官僚は少なくない。権力の集中する政治党派、役所に寄り添って仕事をする記者たちは、その磁力に引き付けられていく。首相官邸、主要官庁、自民党本部、経団連などの記者クラブが、その温床としてしばしばやり玉に挙げられる。政治家に転身した政治部記者も数多い。「治安的メディア」の一員であることを恥としているならまだしも、そのことにアイデンティティを見出し、治安維持のため献身する人々が、悪性腫瘍のように組織を侵す。近年のＮＨＫ籾井会長の周辺からも、そうした保守的確信犯が発生しているようだ。

ところで〈戦争と文化財〉のことでは、米軍もまた終戦時に沖縄から鐘を持ちかえり、サンチャゴ空軍基地で半鐘として使っていると言われる。古くはイギリスや植民地宗主国がエジプトなどから持ち出した文化財、ナチスドイツが占領地から奪った文化財・美術品など、類似の事例は数多い。近年、アメリカが主導して、ナチが略奪した文化財を取り戻すプロジェクト「モニュメンツ・メン」の活躍なども話題になり、何本かドラマやドキュメンタリーとして映画化されてきた。[*9] しかし、日本にはまだそうした動きはない。

ぼくはなぜ、あの番組を作ろうとしたのか。どうしたら何かの変化につなぐことができたのか。詩人・茨木のり子の「自分の感受性くらい 自分で守れ ばかものよ」というフレーズが不意に頭をよぎる。大垣の静かな里の一隅で、長徳寺の鐘は、今もひっそりと時を告げている。

注

＊1　龍村仁は『地球交響曲』などの映画監督。一九七三年、教養部ディレクターとしてロックバンド「キャロル」のドキュメンタリーを制作したが、NHKは改作して音楽番組として放送。これに憤った龍村らは映画『キャロル』を制作した結果、懲戒解雇された。

＊2　放送を語る会『安保法案 テレビニュースはどう伝えたか――検証・政治権力とテレビメディア』かもがわ出版、二〇一六年。

＊3　エリス・クラウス『NHK vs 日本政治』東洋経済新報社、二〇〇六年。

＊4　竹山昭子『戦争と放送』（社会思想社、一九九四年）は総括的に実証している。

＊5　武力紛争の際の文化財の保護に関する条約（ハーグ条約）。

＊6　「古賀茂明氏が語る〝テレビと政治〟」『放送レポート』二五五、二〇一五年。

＊7　砂川浩慶「有力スポンサー・株主としての電力業界」『GALAC』二〇一一年十一月号／加藤久晴「〝懐柔〟と〝報復〟の果てに〜電力会社のテレビコントロール〜」『大震災・原発事故とメディア』メディア総研、二〇一一年。
＊8　放送を語る会編『NHK番組改変事件』（かもがわ出版、二〇一〇年）、池田恵理子・戸崎賢二・永田浩三『NHKが危ない！』（あけび書房、二〇一四年）など。
＊9　『ミケランジェロ・プロジェクト』（監督：ジョージ・クルーニー、二〇一五年）、『黄金のアデーレ』（監督：サイモン・カーティス、二〇一五年）など。

第6章　ピョンヤンの再会
――霧の中の北朝鮮残留孤児たち

1945年	9月	米ソが朝鮮分割占領政策発表。
1950年	6月	朝鮮戦争（～53年7月）。
1959年	12月	在日朝鮮人の帰還事業（～84年）。
1965年	6月	日韓基本条約調印。
1987年	7月	日朝の戦争離散家族、戦後初めてピョンヤンで再会。
	10月	韓国で「民主化宣言」を受け入れての憲法改正（現憲法）。
	11月	北朝鮮工作員・金賢姫らによる大韓航空機爆破事件。
1988年	9月	ソウル・オリンピック開幕。
1989年	6月	中国・天安門事件。
	11月	ベルリンの壁崩壊。
1990年	9月	「金丸訪朝団」ピョンヤンで日朝国交正常化に向けた共同宣言に調印。
	10月	ドイツ統一。
1991年	12月	南北朝鮮首相会談。「不可侵、非核化」合意。
2002年	9月	小泉純一郎首相訪朝。日朝平壌宣言。拉致問題表面化。
2006年	10月	北朝鮮、「核実験に成功」と発表。
2011年	12月	金正日死去。金正恩が後継者に。

北朝鮮（朝鮮民主主義人民共和国）による、核開発などの戦略や挑発的な戦術は、これに対抗しようとする米・日・韓の思惑と相まって、東アジアや世界政治の新たな脅威として覆いかぶさってきている。中東と並ぶ軍事的危機の東の極点である北朝鮮問題は、実はこの危機の温存による米・中・ロなどのパワーポリティクスと産軍複合体に莫大な利益をもたらしている。「北朝鮮残留孤児」たちは、その巨大な波間に翻弄されながら生きてきた。

二〇世紀後半の世界の基本構造であった東西冷戦は、ヨーロッパでは一九八九年のベルリンの壁崩壊、東欧革命からソ連の解体へ至る一連のグラデーション的な激動でピリオドを打った。東アジアでも、韓国・台湾の民主化、南北朝鮮首脳会談などで、冷戦の枠組みが見直され、「新思考外交（ゴルバチョフ）」が動き出した。冷戦の終末期には、新たな枠組みの主導権をめぐって世界中で息詰まる駆け引きが展開された。八八年のオリンピックの開催に際しても、「ソウルによる単独開催か、ソウルとピョンヤンによる南北共同開催か」、国際オリンピック委員会を舞台に、東西両陣営がスイス・ローザンヌで厳しい議論を重ねていた。未だに国交のない日本と北朝鮮の間では、南北共同でのオリンピック開催が、国交正常化のきっかけになるかもしれないという小さな期待が生まれていた。友好団体や赤十字、政治家たちは水面下で接触を始めていた[*1]。

その渦中に、戦争で引き裂かれた日本と北朝鮮間の、離散家族の再会実現をめざす人たちの必死の活動があった。ぼくは五年余りこのテーマを追跡し、番組への提案を続けていたが、NHK本部・報道局は無反応だった。例によって外務省や政府の顔色をうかがいながら極めて慎重だったが、家族の再会実現の可能性が出てきたことで、本部は離散家族の再会直前にやっと取材許可をくれた。離散家族の再会だけでなく、うまくいけば北朝鮮残留孤児たちの調査・帰国、日本人配偶者[*1]（いわゆる日本人妻）の再会・帰国や日朝国交正常化にもつながるのではないか、という期待がふくらんだ。離散家族たちに同行取材する中で、劇的な再会と国際政治のリアルな現実を見た。

最初で最後の公式再会

一九八七年七月十日昼過ぎ、舞台は北朝鮮・ピョンヤンの迎賓館ともいわれる高麗ホテル。「アジア平和の船」[*2]に乗って、別れ別れになった肉親を北朝鮮へ訪ねてきた離散家族の一行が、ランチから戻ってきた。福岡からやってきた藤井マサコさん（当時八四歳。以下同じ）は車椅子だった。ホテルの大きなロビーの三〇メートルほど向こうの隅に、昭和二〇年に離ればなれになって四二年間、夢にまで見てきた娘・太田澄江さん（六二）の輪郭を見つけた。その瞬間、マサコさんはそれまで乗っていた車椅子を跳び下りて、ロビーをよたよたと走った。付き添い看護師のFさんは、何事が起こったのか一瞬理解できなかった。澄江さんにまっすぐに駆け寄って抱き合ったとき、互いの頭がぶつかってゴンという鈍い音がロビーに響いた。あとは声にならなかった……。

同じロビーで四国・善通寺から来た山下三郎さん（六〇）が義妹の末子さんと、長野の吉村五九子さん（六四）・依田吉子さん（八〇）姉妹が次姉の三代子さんと、愛知の熊谷とみ子さん（六〇）・横田昭一さん（五七）が姉・照子さんと、それぞれ夢の中にいるかのように抱き合っていた。四年間、北朝鮮残留孤児たちの取材を続け、ひたすらこの人たちの再会を願ってきたぼくたち取材チームも、また感無量だった。朝日新聞、共同通信との合同取材陣で、唯一のテレビクルーだったぼくは、代表インタビューの項目を用意していたものの、プロとしては情けないことに涙が止まらなくなってしまった。藤井マサコさんと固く手を取り合っている太田澄江さんに向かって、やっとこさ「ご苦労があったでしょうね？」というような間の抜けた質問をした。「……そりゃあもちろん、苦労はありましたが……」と言いかけたところで、横に控えている北朝鮮側の接待係、つまり監視員が、太田さんの袖を引いて注意する。彼女は続けて「でも、偉大な金日成将軍のおかげで、不自由なく暮らしてくることができました……」と続ける。やはり監視はきつい。

どうしたら北朝鮮で生きてきた孤児たちのホンネを聞けるか？「離れていらっしゃる四〇年もの間に、挫けそうになったことはないですか？」と質問を変えてみる。「なんの！　私はオトコみたいな性格ですから！」と彼女は気丈に答える。ＮＨＫも含めて各社のカメラマンが、ぼくに強く合図し、〝二人に抱き合ってもらいたい〟と目で命令する。おずおずとぼくは「マサコさん、澄江さんの肩を抱いていただけませんか……」と、ますます間の抜けた注文を出す。その言葉を待っていたかのように、二人は必死に抱き合った。みんな泣きながらシャッターを押していた。謎に包まれ、その存在が半信半疑だった「幻の北朝鮮残留孤児」たちが、深い霧の中から公式に姿を見せたのだった。

離散家族一人ひとりの事情は違うが、敗戦直前のソ連の対日参戦と侵攻に追われ、事実上の植民地だった旧満州（中国東北部）から必死で逃げる中で、離ればなれになった人たちは数知れない。この四家族も互いの安否を案じながら、かろうじて四〇年以上を生き抜いて、ピョンヤンでの奇跡的な再会にこぎつけたのだった。敗戦時の混乱の中で日本と北朝鮮に引き裂かれた日朝離散家族、北朝鮮残留孤児が公式に再会できたのは、戦後初めてのことだった。

日中国交回復（一九七二年）後、多数の中国残留孤児・残留婦人の存在が明らかになり、彼らは政府の招きで、肉親の手がかりを求めて、日本へ調査に訪れるようになった。家族・親族との再会を果たして日本への帰国を果たした人たちは、孤児二四七六人、残留婦人等三七七五人とされている（厚労省）。身寄りが確認できない人たちはこのほかにもたくさんいる。しかし日朝間には国交がなく、「残留孤児・残留婦人」の存在は話題にさえなっていない。北朝鮮への渡航は、事前に北朝鮮が国交をもつ国の大使館などから臨時のビザを発行してもらい、第三国を経由しなくては行けない。この年、離散家族たちも参加していた「アジア平和の船」の参加者は、超党派の国会議員など日朝友好運動の関係者、朝鮮総連（在日朝鮮人総聯合会）の関係者、日朝友好商社などおよそ二〇〇人で、岩井章が団長だった。

森下圭二さんの満州引揚体験

敗戦後、日本に帰れなくて北朝鮮に取り残されている多くの日本人がおり、日本の肉親に会いたいと切望している、と名古屋市の開業医・森下圭二さんから聞いたのは一九八三年春だった。すでに敗戦から四〇年近く経っていた。敗戦時、旧満州国には日本の民間人はおよそ一五〇万人、軍人は六〇万人、植民地・朝鮮半島には計七〇万人余りがいたとされる。ソ連の参戦後、満州を守っていたはずの関東軍幹部は逃亡し、兵士の男たちはソ連の捕虜として抑留されていった。残された女性・子どもたちは食べもの、着るもの、資金もないまま大量の難民となって、まだ日本軍がいた朝鮮へ向かった。

森下さんは関東軍補給監部の軍医中尉として旧満州・新京に勤務していたのだが、大混乱の中、軍、満州畜産、興農金庫、建国大学などの家族を日本へ送り届けるよう指令を受ける。八月十一日、数人の同僚と共に、女性・子ども・老人たちおよそ三二〇〇人を詰め込んだ無蓋貨車を指揮して南をめざした。しかし軍や統治機構の極度の混乱・崩壊の中で、大規模な逃避集団には食べるものも薬品もなく、次々に子どもたちは餓死していった。ソ連軍などに繰り返し略奪・暴行・強姦されながらの逃避は、凄惨なものだった。北緯三八度線はすでにアメリカとソ連によって封鎖されていた。再び北上する人たち、別の道を求める人たち、集団はバラバラに解体していった。あらゆる辛酸をなめながら、十月九日釜山にたどりついたのはわずか一二人だったという。森下さん自身も妻と二人の幼子を抱えていたが、長男は帰国後まもなく亡くなった。

旧満鉄はじめ多くの在満企業の社員名簿、満州の各種学校同窓会、開拓団体の記録などの断片的な数字から、昭和二〇年に中国から北朝鮮に流れ込んだ人は、七万人以上だと推計された。そのうち、その年の冬に餓死・凍死した人たちは半分を超えると考えられた。日本に帰りついた森下さんは、強い責任感から、直ちに占領軍GHQ最高司令官マッカーサーのジーン夫人や犬養健らの協力も得て、北に置き去りにされた子どもや女性たちの安否の調査や、帰還をめざす働きかけを始めたが、日ごとに緊迫する朝鮮半島情勢の中で、運動は無力だった……。

北朝鮮にも残留孤児がいた

森下さんはその後も、離散家族や残留孤児のさまざまな情報を手がかりに、日朝友好促進議員連盟や朝鮮総連、赤十字などあらゆる機関を通じて、日朝両国政府に対し、離散家族再会のための渡航を請願

郵 便 は が き

お手数ですが
切手をお貼り
ください。

102－0072
東京都千代田区飯田橋3－2－5
㈱ 現 代 書 館
「読者通信」係行

ご購入ありがとうございました。この「読者通信」は
今後の刊行計画の参考とさせていただきたく存じます。

お買い上げいただいた書籍のタイトル

ご購入書店名

書店　　都道府県　　市区町村

お名前《ふりがな》

〒
ご住所

TEL

Eメールアドレス

ご購読の新聞・雑誌等　　特になし

上記をすべてご記入いただいた読者の方に、毎月抽選で
5名の方に図書券500円分をプレゼントいたします。

本書のご感想及び、今後お読みになりたい企画がありましたらお書きください。

本書をお買い上げになった動機（複数回答可）

1. 新聞・雑誌広告（　　　　　　）2. 書評（　　　　　　）
3. 人に勧められて　4. SNS　5. 小社HP　6. 小社DM
7. 実物を書店で見て　8. テーマに興味　9. 著者に興味
10. タイトルに興味　11. 資料として
12. その他

ご記入いただいたご感想は「読者のご意見」として匿名でご紹介させていただく場合がございます。

※新規注文書↓（本を新たにご注文される場合のみご記入ください。）

書名　　　　冊	書名　　　　冊
書名　　　　冊	書名　　　　冊

ご指定書店名

書店　　都道府県　　市区町村

ご協力ありがとうございました。
なお、ご記入いただいたデータは小社での出版及びご案内やプレゼントをお送りする以外には絶対に使用いたしません。

してきた。しかし壮絶な朝鮮戦争、強化される日米軍事同盟、北朝鮮を仮想敵とする日本の軍事・外交政策という環境下での請願は、長い間、現実性を持たなかった。外地からの引き揚げ政策を担当していた厚生省援護局には、アジア各地に取り残された人たちの断片的な情報が集まってはいたが、「北朝鮮地域未帰還者名簿」に記載された確認できる人数は年々減少し、一九八四年には八三人にすぎなかった。その間、在日朝鮮人の北への帰国運動に伴って、およそ六〇〇〇人前後の日本人配偶者たちも北朝鮮へ渡っており、その人たちが体験した〝夢と現実のギャップ〟も日本に伝わっていた。

忘れられていた北朝鮮の残留孤児の問題が微妙に動いたのは一九八四年である。日本からの度重なる問い合わせや働きかけに対し、それまで「残留日本人など一人もいない」と言っていた北朝鮮が、「赤十字を通じて話し合ってみてはどうか」と、態度を軟化させるようになった。日本の国会でも一九八五年十一月の衆院社会労働委員会で、当時の増岡博之厚相が「赤十字を通じて話し合いの糸口を摑みたい」と答弁した。この年、韓国では朝鮮戦争で離散した肉親捜しも始まった。

北朝鮮の軟化の背景には、一九八八年に韓国・ソウルで開催される予定のオリンピックがあった。北朝鮮は「南北統一チームの編成」や「南北による共同開催」を提案していた。これに応じてスイスでは、国際オリンピック委員会が南北共同開催問題を熱心に議論していた。北朝鮮は「オリンピック開催中は三八度線を開放する」とも提案していた。今から振り返れば、当時は冷戦の末期で、戦略核兵器削減に向けて米ソは水面下で交渉を続けていた。*3 関係する各国も、さまざまな駆け引きを展開していた時期でもある。

ちょうどこの年、肉親捜しのため毎年日本へやってくる中国残留孤児の中に、梁学芳さんがいた。梁さんは、その経歴から、北朝鮮から中国へ脱出してきたたと思われた。つまり「北朝鮮にも残留孤児がいる」という事実がリアルに報道されるようになり、森下さんは再度、勇気をふりしぼって日本側の離散家族や文化人らに呼びかけて、一九八五年十二月、「朝鮮残留日本人との再会を支援する会」を名古屋市で結成した。当時すでに七四歳、目も見えなくなりつつあった森下さんは、最後のチャンスだと自らを励まして東奔西走した。

政府の顔色をうかがうＮＨＫ

北朝鮮残留孤児の存在が現実化したことや、森下さんがリードする再会運動の進展に合わせて、名古屋局報道部にいたぼくは、ニュースや特集番組にこのテーマを繰り返し提案した。浅ましい表現で言えば、これは清算されていない戦後処理に関わる大きな特ダネだった。しかしそれだけではなく、ぼくにはフィリピンから還ってこなかった叔父のこと、足尾銅山の鉱毒に追われて北海道開拓に行き失敗した曽祖父のことも、心の隅に引っかかっていたこともある。近代史の中で残置された人々は至るところにいた。

かつて名古屋を舞台にした「ピンポン外交」[*4]が、日中国交回復に発展したように、この運動が進展すれば、北朝鮮残留孤児をはじめとする日朝間の戦争離散家族の再会への糸口になるかもしれない。〝在北日本人〟と在日韓国・朝鮮人の自由往来や、終戦時にサハリンに置き去りにされた数万の朝鮮人の帰国にも、両国の交流と国交正常化につながるかもしれないと、取材を進めるぼくの希望とも妄想ともつかぬ想いは広がった。

そしてこの年の中国残留孤児の来日調査や「支援する会」結成のタイミングで、「北朝鮮にも残留孤児がいる」という事実を、何本かのニュースとして放送できた。しかし深い歴史的背景をもつこのテーマでの本格的な番組は、何回か本部報道局へ提案を重ねても採用されなかった。国交のない北朝鮮を取材する場合の各種のリスク、社会主義圏の宣伝に使われるのではないかという猜疑心。報道局幹部は、政府や外務省の顔色をうかがっており、外務省はアメリカの顔色を見ている……。報道局としては面倒なネタには関わりたくない、という気配がありありだった。

一方、離散家族が再会できる可能性が次第に射程に入ってくるにつれ、ぼくは森下さんや同じテーマを追っているA社のY記者、さらに社外の支援者たちと共に、日本側の家族はどこに何人いるのか、どういう状況なのか、果たして今も会う意思があるのか、政府に解決の意思はあるのか、ジリジリと調査を詰めていった。前述した未帰還者名簿、旧満鉄など多くの在満企業や開拓団体などの断片的な数字を、ジグソーパズルのように組み立てていく気の遠くなる仕事だった。名簿に記された八三家族はじめ、その後ボツボツ見つかる関係者を、日常の仕事の合間に一人ずつ各地へ訪ねたり、手紙や電話で当たっていった。遺跡で土器のかけらを集めるような根気の要る取材だった。

北朝鮮に置き去りにされた孤児たちの多くは、互いの現在の住所や家族関係も分からないこと、今も日本とは準戦争状態である北朝鮮で暮らす〝日系人〟は、当局の監視下に置かれているであろうこと、非常事態に近い社会体制の中で、電話はおろか郵便さえ出せない人が多いことなどもうかがえた。切手を買う、手紙を出すなどということは、危険なスパイ行為と見なされているようだった。かつては家族であったとしても、会えないまま何十年も経てば、双方に新しい家族関係もできて、昔の関係はもう取り戻せない。運よく帰国できても、財産や相続の問題で悩むケースも少なくないことが垣間見えた。〝会いたいけれど会えない〟のだ。四〇年の空白は残酷すぎた……。

結局、一九八七年七月の「平和の船」の出発までに、再会の決意ができた家族は前述の四組で、さらに日本人配偶者の家族、北朝鮮で死んだ母の墓参りをのぞむ人なども加わった十三家族、計十八人が、本来の交流事業の〝付録〟として「平和の船」に乗り込んだ。NHK報道局は、結局ぼくたちの取材を許可したものの、雀の涙程度の予算しか付けてくれなかった。海外ロケをしながら現地からの映像中継をするというのに、記者も照明も音声技術者もつけてはくれず、Hカメラマンと二人だけだった。取材者の自己責任というヤツだ。それでも行けないよりははるかによかった。ぼくは報道局の競争相手である制作局の『おはようジャーナル』班と交渉して、放送枠を用意してもらい、その予算と名古屋局のわずかな予算で船に乗り込んだ。予算や「二人で持てる範囲」の制約で、極力機材を削り、衛星向け送信機さえ持つ余裕がなかったことが、後に大きな仇になって帰ってくる。

北朝鮮との駆け引きの中で

一九八五年、ソ連の書記長になったゴルバチョフは、核兵器の削減、ペレストロイカ（改革）、グラスノスチ（情報公開）をリードしていった。大きな流れになろうとしている冷戦の終結を有利に進めるため東西両陣営はあらゆる外交手段を動員していたし、「朝鮮半島初のオリンピック」を南北共同開催に導くこともその一つの材料だった。北朝鮮にはオリンピック共同開催の能力があり、その準備が完璧であることを示すために、ピョンヤンに建設中の大スタジアムや各種施設を西側メディアに取材させ、世界に発信させることが重要だったに違いない。その全体戦略のためには「戦争離散家族を人道的立場から再会させるというイベント」も、北朝鮮にとっては交渉カードの一つだった。

一方で、この番組が本当に実現するのかという疑問は、ぼくの中で最後まで消えなかった。迷路のような政治状況をくぐって、北朝鮮は離散家族を本当に再会させるつもりがあるのか？　また内心で最も危うんでいたことは、技術的にピョンヤンから衛星回線で映像を日本に送れるかどうかだった。同行が決まった朝日新聞、共同通信は、現地から電送で写真を送ることができる。しかし、これまでほとんど日本と交流のない北朝鮮のテレビ局の機材や技術が、NHKのSONY製機材とマッチするかどうかは不明だった。

テレビの記録・伝送技術の方式は、北朝鮮や中国は「PAL方式」、日本は「NTSC方式」であり、北朝鮮が衛星回線の中継点として要求しているソ連は「SECAM方式」で、三者三様の方式のマッチングも気になった。衛星中継対応の設備や機材を、国営放送である朝鮮中央テレビ局が持っているのかどうか、日本の朝鮮総連を通じて何度も念押しした。北朝鮮の海外窓口になっている朝鮮対外文化連絡協会（対文協）から、「もちろん大丈夫だ。われわれはSONYの最新の機材を整えており、技術は万全だ」と答えがあり、そんなことより「日本の要請で衛星中継をさせるのだから、日本の国際通信を仕切るKDD（現KDDI）からの正式な要請文をよこせ」「三六年間の日本帝国主義支配に対する謝罪をせよ」「中継については一分間につき一万円の使用料金を払え」という要求を出してきた。朝鮮中央テレビの連絡先や担当者の名前は、最後まで頑として教えてくれない。果たして、技術的な打ち合わせなしに中継できるのか？「日本帝国主義三六年間の謝罪」については、NHKのしがないディレクターでしかないぼくの手に余る課題である。多くの不安材料を抱えながら、ぼくはHカメラマンと共に膨大な機材を抱えて船に乗り込んだ……。

ついに実現、四二年目の再会

ソ連の貨客船・プリアムーリエ号を借り上げた「平和の船」に、ぼくたちが乗り込んで新潟港を出たのが、七月四日。ソ連・ナホトカでの友好行事などをこなして、ようやく北朝鮮東岸の元山（ウォンサン）港に到着したのは九日朝だった。埠頭には動員された多くの子どもたちや女性たちが、一斉に「歓迎」の旗を振って出迎えている。二〇〇人余りの一行は、バスに分乗してピョンヤンに向かう。半島の田舎道を西へ横断すること四時間半、高層ビルの並ぶピョンヤンに入り、バスは最高級の高麗ホテルに横づけされる。取材者であるぼくでさえ興奮気味だから、離散家族たちの胸の内はどれほどの思いがあふれていたことだろうか……。

その日はサーカス見物や、夜は歓迎レセプションもあったが、ぼくは対文協を通しての日程の折衝、朝鮮赤十字への取材の要請、日本のNHK本部との連絡などで、食事をする余裕もない。翌日、一行は金日正の生家のある観光地「万景台」訪問や、産院・幼稚園の見学、映画『廃墟によみがえった朝鮮』鑑賞などのスケジュールが組まれていた。ぼくたち取材陣は、対文協のR氏（『労働新聞』国際部記者）の親身な努力で、建設中のオリンピックサッカー場にもなるはずの「アンコル・スポーツ村」建設現場や、映像センターの取材をさせてもらう。自由に取材できるところは一つもない。すべて厳格な許可を取らねばならないし、強い交渉や、それなりの〝御礼〟が必要だった。

スポーツ村建設現場に重機はほとんどなく、「全国から志願してきた献身的労働者・学生八万人」と取材陣が説明された人たちは、手押し車やモッコで土砂を運んでいる。数か所で軍楽隊がラッパや太鼓を鳴らしながら、勇ましくスローガンを叫んでいるが、ほとんどの人たちは働こうとはしない。撮影しようにも働かないのでサマにならない。ディレクターとしての習性で、ぼくはそのあたりの人たちに「少し働いてください」と、哀しいヤラセをお願いをする。しかし少しだけ働いてくれた人たちのアップは撮れても、少しカメラを動かすと、みんな休んでいるのがバレてしまうというマンガ的な状況だった。その内、雨が降り出したかと思うと、あっという間に蜘蛛の子を散らすように、誰もいなくなった……。憮然とするR氏を、ぼくは気の毒そうに微笑んであげるしかない。オリンピック用〝最新式の情報センター〟は、遠くから撮影が許されただけだった。R氏は遠くから撮影できるだけでも、それこそ献身的に奮闘してくれた。その分の〝費用〟も小声で要求されたが。

昼になって、訪問団の一行や取材チームは、朝鮮レストラン「玉流館」へ名物冷麺を食べに行った。

ぼくは日本との打ち合わせで食事へは行けない。東京との連絡などに追われているうちに、ホテルの一角に緊張した空気が流れはじめた。「あっ！ 再会だ！」と直感した。朝鮮側の離散家族が、ロビーの一隅に集められたのだ。カメラマンたちはランチからまだ戻っていない。対文協はどんなときも、決して予めスケジュールをぼくたちに知らせるということはなかった。「日本帝国主義の反共宣伝に利用されるからだ」というのがその理由だ。数年間の努力を積み重ねてきて、ここでカメラのいない再会なんて、考えたこともなかった。絶望的になった瞬間、彼らがホテルに帰ってきた。そして劇的な再会が始まった……。数十年引き裂かれてきたにもかかわらず、残酷なことに面会は夜十一時までに限られていたのだが。

放送局という名の軍事施設で

必死でつないだNHK東京と朝鮮中央テレビとの衛星中継回線は、十八時から三〇分間である。十六時すぎに再会劇の取材を打ち切り、ぼく自身の一分間レポートを収録して、対文協のR氏と共に中央テレビへ向かう。日本のKDDの支援も合意もないままだ。到着した中央テレビでは、武装した兵士たちが厳重に立哨し、要所要所で誰何《すいか》される。なるほど、ここは放送局ではなく軍事施設だったのだ。電話番号など教えるはずがない、という単純なことにその時やっと気付いた。誰何のたびにR氏がすばやく応答し、ぼくは兵士たちに準備したたばこか缶ビールを渡して足早に通り抜ける。一種の通貨として、タバコはハイライトで、ビールはキリンでなくてはならない。サスペンス映画そのものだ。

そして漸く中継時刻一〇分前、極度の緊張でたどりついた衛星中継ルームには数人の技術者が待っていてくれた。だが、入室するなりHカメラマンは「だめだ！」とつぶやく。確かに機材はSONYではあったが、彼らが持っていたのは業務用ではなく、家庭用機材なのだった。「大丈夫、大丈夫！」と自信ありげに技術屋さんたちは、あちこちとケーブルをつないでくれる。たぶん、北朝鮮のトップはうすうす知っているであろう業務用と家庭用の機材の区別を、現場の彼らは知らないのだ。これでは「オリンピック中継」などできるはずがなかった。十八時ちょうど、なんと！電話番号も不明なその軍事的衛星中継室へ、奇跡的にNHK東京から電話がかかってきた。いや、NHKは大したものだと、ぼくは妙に感動した。しかし中継はできないのだ。「どうなってるんだ‼」ぼくは日本語で怒鳴られた。わずかな費用が出なくて、日本製の送信機を持参しなかったことを心の底から悔やんだ。汗を流しながら、なおも献身的に奮戦してくれる技術屋さんたちに、ありったけのタバコとビールをあげて、ぼくらは悄然と中央テレビを出るしかなかった……。翌朝、日本では、朝日新聞と共同通信が配信した各地の新聞には、写真付きでデカデカと「戦後初めて、日朝の戦争離散家族再会！」の特ダネが載った。NHKでは同僚の記者が原稿を書いてくれたものの、映像はなかった。

その後、三八度線の板門店での取材やレポートを重ねたあと、上海経由で帰国し、徹夜を続けて編集した『おはようジャーナル～ピョンヤンの再会～』を放送できたのは、ようやく七月二十三日だった。この時失敗したピョンヤン～モスクワ～東京、上海～東京の中継回線料の損失は、数百万円にもなっただろう。リスクの一つは現実になった。

記録しつづけるべきだったこと

こうして歴史的な再会劇のドキュメンタリーはできたものの、ピョンヤンからの衛星中継は失敗した。しかし本質的な失敗は、衛星中継の挫折ということではない。同行した四家族やその成果を待っていた戦争離散家族の継続的な再会は、メディアの多少のキャンペーンくらいでは定着しなかったことである。また最近、二〇一二年の日朝協議で「墓参」はできることになったものの、離散家族再会は拉致被害家族の帰還問題と同じく、国家どうしの政治的な駆け引きという本質をもっている。もとより在北日本人と在日韓国・朝鮮人の自由往来、両国の国交正常化への見通しも、未だにまったく立っていない。

また付け加えると、この取材で、ぼくは「見てはならないもの」をいくつも見てしまい、自分の甘さを思い知った。例えば日米政府にほぼ追随するNHKトップの保身・保守性、北朝鮮指導部の極端なイデオロギー政治やそれに便乗する日本の政治家たち、ピョンヤンのホテルで会話した「よど号ハイジャック事件*5」の犯人グループの幹部の一人・小西隆裕の暑苦しい弁明、世界の実態を知らされていない北朝鮮の市民や労働者たち、社会主義国での賄賂の実利性や常習性、イデオロギー的緊張・対立関係こそ利潤の源泉である軍事産業群の醜悪な欲望……などなどである。

このドキュメンタリー制作のドタバタの中で、ぼくは東京報道局への異動の内示を受けた。『おはようジャーナル』で放送する編集のさなかでもあり、同行した四家族や関係者へのお礼はおろか、名古屋局在任中の膨大な番組関係者への挨拶もできなかった。高校進学を控えた息子のことなど、家族で話し合うこともできないままの単身赴任は大きなショックだったが、企業の命令はそういう事情は考慮しないものだ。

東京へ転勤してまもなく、北朝鮮工作員・金賢姫らによって仕掛けられた「大韓航空機爆破事件」[*6]によって、オリンピックの南北共同開催の歴史的なプランも自爆的に粉砕され、東アジアには再び極度の緊張が漲った。ぼくは朝の報道番組『モーニングワイド』のデスクの一人として、対話のシンボルになるかと期待した離散家族再会とは正反対のベクトルを持つこの無惨なニュースと、連日向き合わなければならなかった。新しい仕事に忙殺される中で、四家族のその後や、日朝間の基本的な課題、東アジアの相互理解と共生に関するテーマをじっくり考え、企画し、取材しつづけることができなかったという中途半端な思いばかりが、のどに刺さったトゲのようにチクチクと残った。

そのような、アジアの平和への長期的な展望や思考からはほど遠いところで、日々の仕事があり、自分は否応なくそこで生きているのだった。

注

＊1　一九五〇年代から一九八四年にかけて、日本赤十字社と朝鮮赤十字会によって行われた、在日朝鮮人とその家族の北朝鮮への集団的な永住帰国事業。北朝鮮へ渡った九三、三四〇人のうち少なくとも六八三九人は日本人妻や子どもなど日本国籍保持者だったとされる。

＊2　一九八五年、作家・小田実、自民党のリベラル派・宇都宮徳馬、旧総評事務局長・岩井章が共同代表に

なって結成された、民間レベルでソ連・北朝鮮・中国を巡るツアー。

＊3　米ソは一九八七年、中距離核兵器を全廃するＩＮＦ条約に署名した。二〇〇一年、米・ロは「第一次戦略兵器削減条約」の義務を完了したと宣言。

＊4　一九七一年、名古屋市で行われた第三一回世界卓球選手権に六年ぶりに出場した中国が、その後欧米の卓球選手を招待したことをきっかけに、米中の対話が生まれ、一九七二年、米中、日中国交正常化につながった。

＊5　一九七〇年、田宮高麿ら赤軍派九人が羽田空港発板付空港（現福岡空港）行きの日本航空三五一便（愛称・よど号）をハイジャックし、韓国の金浦空港を経て北朝鮮へ亡命した事件。家族の一部は帰国したが小西隆裕ら四人は今もピョンヤンにいるとされる。

＊6　一九八七年十一月二十九日、日本人に成り済ました北朝鮮の工作員・金賢姫らによって大韓航空機八五八便（バグダード発ソウル行）が、ラングーン南上空で爆破され、乗客・乗員一一五人全員が死亡した事件。韓国に逮捕された金賢姫は特赦され、二〇一〇年訪日し謝罪。

第７章　家族崩壊のリトマス試験紙
――霊感商法とのせめぎ合い

1968年		統一教会日本支部結成。
1982年	2月	横浜ホームレス殺人事件。中学生ら10人逮捕。
	6月	戸塚ヨットスクール校長逮捕。
1984年	6.10	『文藝春秋』が初めて統一教会の記事掲載。
1987年	4月	名古屋弁護士会「消費者被害救済センター」設置。
	4.17	ＮＨＫ名古屋局「あなたに幸せあげます～徹底レポート・霊感商法のすべて～」『中部アングル87』で放送。
1994年	5月	福岡地裁で信者らの不法行為に対する統一教会の使用者責任を認定。以降、同様の判決が各地で続く。
2008年	6月	振り込め詐欺救済法施行。
2013年	6月	最高裁、霊感商法事件の組織犯罪処罰法違反罪で教祖が懲役4年確定。

一人暮らしの高齢者から、なけなしの財産を騙し取る「オレオレ詐欺」「振り込め詐欺」など架空請求詐欺の被害が止まらない。平成二七年は前年に比べて約三％増加、被害総額は約四七七億円だったという（警察庁）。高齢者はいつから、孤独になってしまったのか？　そもそも「家族」から夫や父親がいなくなり、分解しはじめたのはいつごろからだろうか？　家族を支えるコミュニティだった町内会や子ども会、ＰＴＡの引き受け手がいなくなったのはいつからだろうか？　ご近所の相談やドブ掃除、町内の祭りや助け合いがなくなり、人間関係が金銭的な経済関係に置き換えられていき、手近な親や子どもを殺すという図式が日常になってきた。その変化の指標の一つとして、霊感商法詐欺やオレオレ詐欺事件などの〈家族系犯罪〉の登場を挙げることができるだろう。

一九八〇年代になって、開運商法、霊感商法、原野商法などの悪質な詐欺商法事件の被害が急増し始めた。急拡大する訪問販売に関して、市民・消費者の側の知識不足もあったが、被害者たちの家庭内の悩みや、利殖の欲望などにつけこんで、法律の隙間・抜け道を突く商法が激増していたのだ。高齢者を狙って架空の証券を使って騙す「豊田商事事件」が社会問題化し、社長が殺されたのは一九八五年のことだった。日本の社会にふわりと共有されていた〝同じ日本人〟という共同幻想が、高度成長時代を通していつのまにか消失していった。衝動的な犯罪やヤクザならともかく、一般市民を家族ぐるみで騙し、破滅させるといった組織的で悪質な犯罪に、日本人は初めて出会った。「ジャパン・アズ・ナンバーワン」が唱えられ、高額の詐欺が成立する、バブリーな経済環境も生まれていた。

中でも「霊感商法事件」は、キリスト教めいた布教の要素もあると同時に、表面上は当時の冷戦を背景として強いイデオロギー色に彩られていた。霊感商法の背後にある「国際勝共連合」を名乗る政治団体には、自民党を中心とする二百数十人の国会議員が名前を連ねてメディアを威圧していることから、この事件を取材・報道することは、身の危険をも心配しなければならなかった。ぼくたちジャーナリズムは、そのイデオロギー的な虚構を批判的に伝えようとしたつもりだったが、冷静に振り返れば、問題の核心はイデオロギー問題だけではなかった。事件の被害者たちは、この時期に進んだ家族の崩壊、コミュニティの空洞化を表すリトマス試験紙だったのかもしれない。

詐欺事件にとどまらず家族崩壊の実態は、各地で「家庭内暴力事件」が表面化し、それを補完するかのような「戸塚ヨットスクール事件」[*1]や暴力的な学校経営が注目されて、やっと浮かび上がってきたように思う。当時、親に大ケガをさせるほどの暴力を振るうというところまで子どもたちが追い詰められているという状況を、マスメディアに働くぼくたちはほとんど認識していなかった。乱暴に言えば、日本が到達した高度工業化社会は、家庭における父親の不在で成り立っていること、その歪みは母親や子どもへの負担となって噴き出し、家族の絆を変質させ、コミュニティを崩壊させていくという共通の構造を、ぼくを含めたマスメディアは、残念ながら捉えきれていなかった。

登記証まで取られそうになって

名古屋近郊のA子さん宅へ、印鑑を訪問販売にきた霊感商法の勧誘員は、親切にA子さんの身の上相談に乗ってくれた。家族の深刻な悩みを抱えていたA子さんは、これで解決するならと思って、〝幸福をもたらす〟という数万円もの印鑑を買った。後日さらに問われるままに悩み事を話すと、一日六〇〇回さすって信心すると、霊験あらたかな効き目があるという数十万円の壺や、高額の人参茶を買わされた。さらに不幸の原因を深く知らなければいけないと言われ、近くの「ビデオ教育センター」へ誘われ、開運を呼ぶビデオを見せられ、A子さんには七代前からの〝先祖の祟り〟が憑いていると言われた。その後も何回か誘われ、「不幸の原因」「救いの法則」「死後の世界」などのビデオを見せられ、今度は「バラバラになりかけた家族の絆を取り戻せる」という、数百万円もする多宝塔まで買わされた。そのうちに「常識的な金額を寄付しているだけでは先祖の祟りから解放されないと脅されて、自宅の登記済証（権利証）まで寄付するように迫られた。その頃になってようやく、自分は騙されているのではないか？と疑問を持ちはじめた。これまでやりくりして支払ってきた多額の金は、夫には隠していた。しかし、さすがに家の登記証を取られれば、離婚や家庭崩壊は免れないことにやっと気付いた。思い詰めたA子さんは、伝手を頼って名古屋弁護士会のB弁護士に密かに相談するに至った。一九八七年のはじめのことだ。消費者問題に取り組んでいたB弁護士には、それが巧妙・悪質な詐欺であることは即座に分かった。

八〇年代に激増した霊感商法

高額の詐欺が続出する中で、「世界基督教統一神霊協会」（統一教会）系列の販売店による霊感商法の被害額は突出していた。愛知県の消費生活センターが把握した相談は、八五年度に五六件だったものが、八六年度は九七件に倍増した。さらに弁護士会、警察への相談も合計すると、八六年度には七五三件、愛知・岐阜・三重・静岡の東海四県での合計は一一五四件とウナギのぼりに増えていた。全国各地で被害に対する損害賠償訴訟も起き始めていた。しかしなぜかマスメディアはなかなか報道しようとしなかった。

　霊感商法の手口は、霊能者を装った訪問販売者が、狙った相手のさまざまな不安や不幸を巧妙に聞き出し、その不安は七代前の先祖から現在までの「色情因縁」「殺傷因縁」など、あるいは「水子」への不十分な供養から生じていると説明する。そして「十分供養しなければもっと悪いことが起きる」「この品を買えば祖先の祟りは消滅する」などと煽って、印鑑、数珠、表札、壺、人参茶、水晶、多宝塔などを法外な値段で売りつけたり、高額な加持祈禱料、除霊料、供養料をとる。さらに販売員たちは詳細なマニュアルを使って、言葉巧みに家や土地、墓など不動産を寄付させるよう、心理的に追い込んでいく。拒否しても強引に取り囲んで、商品を買わなければ「出家」するか、「断食修行」するかと凄むようになる。多くの被害者は心理的に追い詰められたり、教団への恐怖心から、借金してでも無理やり高額の品を買わされるというのが、被害の決まったパターンだった。

　名古屋弁護士会は、相次ぐ訴えを受けて「消費者被害救済センター」を設置し、八七年四月六日、七日と「相談会」を開いたところ、この二日間だけで相談件数は三四九人、その被害額は一〇億二〇八一万円にものぼった。その後結成された全国霊感商法対策弁護士連絡会の集計では、相談が最も多かった一九九〇年が全国で二八八〇件。一九八七年から一九九六年までの九年間で相談件数は約一万件、被害金額は約六八〇〇億円にものぼったという。*2

背景に強いイデオロギー

被害がこれだけ拡がりながら、なかなか表面化しなかったのはなぜか。それはこの商法が一応合法的な「訪問販売」の形式をとっていたこともあり、他方で宗教団体の布教行為のようにみせかけたことも、警察や消費者行政の初動を遅らせたといえるだろう。しかし捜査を遅らせた最大の原因は、この商売の母体になっていた統一教会が、戦後世界を二分してきた東西冷戦に乗じて、共産主義を攻撃する強いイデオロギー的主張を掲げていたことにもよるだろう。多くの保守系政治家が、これを支持しているという教団の印刷物や宣伝によって、ジャーナリストやマスメディアがなかなか腰を上げようとしなかったのだ。

共産主義の撲滅を唱える政治団体「国際勝共連合」は、統一教会の教祖・文鮮明によって、一九五四年に韓国ソウルで創設され（その後本部はニューヨークに）、世界一九三カ国に広がったとされる。統一教会日本支部は一九六八年、久保木修己を初代会長に、笹川良一を名誉会長に結成され、元首相・岸信介などが関与したという。自民党の支持団体の一つとして、国会議員や議員秘書を「勝共推進議員」として取り込み、次第に数を増やしていった。一九八七年、彼らが統一教会関連企業や勝共連合から政治献金を受けているとする国会質疑もあり、一九八九年に東京で開かれた「勝共推進議員の集い」には、自民党、民社党などの国会議員やその代理人一三一名が参加したとされる。*3

マスメディアのトップや記者たちの多くは、そうした有力政治家や右翼団体が関わる事件では、トラブルを恐れて取材や報道に及び腰になる。政治家が背後にいるというウワサだけで、政治部系記者が、被害を取材する社会部系の記者たちに対し、報道を手加減するよう牽制するケースは少なくない。

またある時、NHK報道局トップの一人が、軽率にも統一教会系の大イベントに講師として出席して、統一教会の被害者を救済しているキリスト教系市民団体「エクレシア会」から告発された。その幹部が窮地に立ったケースでは、たまたまぼくが霊感商法の取材をしていたことから、NHKの上層部からぼくに、エクレシア会への〝とりなし〟をするよう泣きつかれて、「意図的な参加ではなく、騙されて出席した」という弁明で、その幹部が救済される一幕もあった。ちなみにその幹部の軽率な行為は、自民党をバックに大きな選挙へ出馬する準備活動の一環だったようだ。NHK報道局の体質を象徴する出来事だ。

〝仏壇が燃えるんですよ！〟

B弁護士から情報を得たぼくは、被害者A子さんから詳しいいきさつを聞いて、取材を進めていった。B弁護士は騙された金を取り戻すため、A子さんを説得して、強引な勧誘の実際の証拠をメディアに公開しようと考えた。もちろん統一教会側が、勧誘現場のテレビ取材を許すはずがない。ぼくとB弁護士は一計を案じて、A子さんの服に小さな隠しマイクを仕込んで、喫茶店での詐欺的で強引な勧誘の場面に臨んでもらうことにした。もとより彼女に危険が少しでもあってはならない。勧誘の当日、注意の上にも注意を重ねて、ぼくたちは同じ喫茶店内の隅の方の席に陣取り、息をつめて勧誘員とA子さんの会話の一部始終を撮った。

取材は一般的に、こちらの身分と目的を明らかにし、相手の承諾を得て行われることが原則的な倫理だ。しかし、取材内容に犯罪性、重大性や緊急性があり、取材目的が社会的に正当で、目的を明らかにすると取材できないときは「隠し撮り」が許される場合がある、と各社のガイドラインが定めている。例えば権力者による不正の隠蔽や、組織的犯罪行為などである。

A子さんは緊張して、喫茶店で勧誘員と向かい合っていた。「騙されているのではないかと、気持ちが揺れ動くんです」、と語るA子さんに対して、若い女性の勧誘員は慣れた様子で、「あなたの家を寄付するようにという天の啓示があるんですよ」「先祖を祟りから解放するためにはね、あらゆる手段が必要なのです」「途中で心変わりして寄付をやめたある人の仏壇からはね、突然恐ろしい火が燃え上がったのよ！」「本心から納得できれば（値段が高い・安いといった）価値観は変わるんです！」「今が〝授かる〟最後のチャンス。今しかないのよ！」などと、あの手この手でAさんに迫った。一時間ほどの厳しい精神的な闘いを何とか彼女は持ちこたえ、いったんは譲渡を約束した権利証をかろうじて渡さずにすんだ。果たしてビデオが撮れているかどうか、カメラマンと一緒にハラハラしながら試写すると、何とか無事に撮れていた。A子さんはその後、弁護士のアドヴァイスで、統一教会からの連絡には応じないようにし、代わって弁護士が交渉に立った。

ぼくたちはこのやりとりを含め、いくつかのケースを追いかけ、また番組の公平性を保つために統一教会系の卸代理店や販売店の言い分、元販売員の告発なども入れて番組を構成していった。取材を重ね、放送が近づくにつれて、スタッフの周囲にはピリピリした緊張感が漲っていった。取材で渡したぼくの名刺には、自宅の住所が刷り込んであった。万一の場合に備え、家族の防衛や対応も考えなくてはならなかった。家の電話の前には、脅迫電話がかかってきたときの対応マニュアルを張り付けて、家族に応答の練習をさせた。通勤電車のプラットホームの縁には近づかないようにもした。

電話バッシングで回線がパンク

一九八七年四月十七日、「あなたに幸せあげます〜霊感商法のすべて〜」と題して、『中部アングル八七』（毎週金曜夜放送）でこれを放送した。放送中から、カメラを報道部の電話の前に据えて、抗議の電話を待ち受けたが、その夜の反応は少なかった。駅のプラットホームでは、より一層注意した。翌日ののんびりと出局すると、報道番組の部屋に一〇台ほどある電話が朝から鳴りっぱなしで、ぼくの出局が遅い、と上司に叱られる。当日は土曜なので、電話に対応できるディレクターが少なかったのだが、ともかく電話交換手の勤務時間が終わる夕方まで、昼食も取れず、トイレも我慢しながら電話に追われつづけた。

その日、名古屋局にかかった電話はおよそ六〇〇件。一部に「よくやってくれた」という一般視聴者・被害者のものもあったが、ほとんどは信者と推察される女性からの、組織的な苦情・抗議だった。中には「殺すぞ！　ガチャン！」のようなものもあったが、多くは「信仰が汚された。どうしてくれる」「不幸になった人たちばかりでなく、幸せになった人たちも取材せよ」というタイプのものだった。

どんな場合でも視聴者からの電話には粘り強く対応しなければ、受信料制度は成立しない、というのがＮＨＫ内部のルールだ。しかしこの時は、回線がふさがって他の業務がストップしてしまい、局内からも苦情が出るありさまだった。一方、Ａ子さんの隠し撮りへの勇気ある協力も含めた放送は、霊感商法の詐欺性を批判する世論の一助となり、Ａ子さんも多くの被害者たちも、違法な損害額の大半を取り戻すことができた。組織された「闇の世界」とのガチンコ対決だったが、積み上げた事実に対しては政治家たちも口出ししてこなかった。明らかに潮目は変わっていった。この時期、霊感商法に対しては、ＮＨＫ名古屋局だけでなく、消費者問題を日常的にテーマにしているＮＨＫ『おはようジャーナル』や、ＴＢＳ『報道特集』、雑誌『朝日ジャーナル』なども批判的に取り上げたが、『おはようジャーナル』に対しては全国で四千件を超える電話が殺到した。とはいえ、これらの番組がメディアの主流だったわけではなく、それぞれの社内では少数のチームだった。主流メディアたちは、まだまだお利口に沈黙して見守っていた。

腰の重かった旧通産省は、一九八七年四月、統一教会の販売会社「ハッピーワールド」と「世界のしあわせ」に事情聴取し、五月、参議院法務委員会で警察庁生活経済課長が「悪質商法である霊感商法は厳しく取り締まる」と答弁した。一連の事件報道は、ついに国に対応を迫ることとなった。八〇年代が終わるころ世界を引き裂いていた東西冷戦も終わって、一連の事件はピークを越えたように見える。しかし関連するいかがわしい商法が、手を替え品を替えて今も続いている。

崩壊する家族を捉えられなかった

霊感商法事件は悪質な詐欺であり、また強いイデオロギー的性格をもつ事件でもあったが、それだけではなかった。実は放送日の締め切りと、霊感商法を支える政治勢力との間でぎりぎりの対応を迫られたぼくたちの番組では、ついに迫れなかった事件の〝もう一つの貌〟があった。それは、事件被害者の大半が女性であったこと、それもオレオレ詐欺被害者のような「裕福な高齢者」ではなく、生活に追われる二〇代～四〇代の女性たちだったことだ。社会との接点が少ない専業主婦が、被害者の四分の三を占めていたことの謎にこそ、迫るべきだったのだ。比較的若い主婦たちを中心とする大半の被害者に通底していたのは、彼女たちがさまざまな「家族の問題」を、孤立して抱え込んでいたことだ。普通の主婦が一人で背負っているそれぞれの家族の悩み、親子や夫婦の間のすれ違いや小さなケンカ、コミュニケーションの断絶、特に夫に相談できない困りごとに追い詰められているという共通の状況があった。生真面目な主婦たちが家庭の中で抱えている、子どもの不登校、夫の浮気、舅との確執、近所付き合いのトラブル、自分のアイデンティティの喪失などの諸問題。さまざまな負い目や責任感の隙間に、「色情因縁」「殺傷因縁」「水子因縁」などというおどろおどろしい形容詞がつけられ、つけこまれていったのである。

一九八二年から三年にかけて、似たような崩壊家族の事象が続いて表面化、事件化していった。爆発的に連続して起こり、社会に衝撃を与えた「家庭内暴力事件」であり、それを補完するかのような「戸塚ヨットスクール事件」である。戸塚ヨットスクールは、スパルタ的・暴力的訓練によって荒れる青年たちを、一人乗りヨットに乗せて海に出した。誰も頼れない絶対的な状況の中で、鍛錬・自立させようとしたようだが、次々と事故死者を出して問題化していった。

一連の家庭内暴力事件の取材に関わりながら、家庭の中でなぜ子どもが暴力を振るうのか、ぼくたちは当初はほとんど理解できなかった。父親の体罰、暴力というものはある程度の〝社会的な常識〟だったが、子どもが、親にケガをさせるほどの暴力を振るうということ、そこまで子どもが追い詰められているという状況の本質を、ぼくも教育評論家もほとんど認識していなかった。取材関係者の間では、こうした事件が起きる多くの家庭で、父親が家族に関わっていない場合が多いこと、事件が起きても決して父親の名前や勤務先などの情報がメディアに露出しないよう要請されていること、単身赴任や仕事付き合いで家に不在がちなエリート的な立場の父親が多いということもひそひそと囁かれた。事件現場にいつも父親は不在なのだった。

〈父親不在〉でしか成り立っていない企業戦士家庭の歪み、家族の不協和音を敏感に感じ取った子どもたちが、何かのキッカケで暴力的に自己表現する、ストレスを爆発させることに対し、親や教師が、子どもを暴力で封じ込めようとして、さらに問題を複雑化させていた。八〇年代、工業化社会が成熟する中で地域や職場のコミュニティが崩壊し、家族の絆がどんどん変質し、子ども・主婦という弱い立場にしわよせされていくこと、彼らが孤立しているという共通の構造を、ぼくは残念ながら捉えきれていなかった。というより、自分自身の生き方、マスメディアでの働き方もまた、どっぷりと同じ構図の中にあったのだ。NHKで働く仲間の中にも、家族関係、子どもの教育で深刻な悩みを抱えている人は少なくなかった。ぼく自身も思春期を迎える子どもたちと、関係をうまく作れていなかった。

ぼくらの霊感商法追及の番組では、事件のイデオロギー的な性格に関心が偏って、経済大国への道のりの中で衰弱・劣化していく家族関係、追い込まれる主婦たち、ほころんでいく人間関係につけ込んだ商法だという核心部分に踏み込めていなかった。家族の崩壊は決して他人事ではなかったはずだ。もちろん健全な家族の形成・維持によってのみ、人や社会が幸せになるものではないにしても、ぼくはこの時、もっと立ち止まって、人のつながりということを考え直してみなければならなかったのだ。たぶん、今立ち止まって考えても、遅くはないのだろう。

注

＊1　家庭内で暴力を振るう少年たちを、ヨットで鍛錬するという戸塚ヨットスクールは多くの犠牲者を出し、徹底した管理・体罰を原理とする愛知の管理教育が注目された。

＊2　全国霊感商法対策弁護士連絡会「商品別被害集計」http://www.stopreikan.com/jireisyu/syohin_higai.htm（最終閲覧日二〇一六年二月十二日）

＊3　第七八回国会　参議院外務委員会議事録（昭和五一〔一九七六〕年）。第一〇九回国会　法務委員会質疑など。

第８章 「一五年戦争に勝利した！」

——“Ｘデー”報道とL字型ワイプ

1987年	5.3	「赤報隊」による朝日新聞阪神支局襲撃事件。小尻知博記者殺害。
	9月	沖縄国体に、天皇夫妻に代わって皇太子夫妻が出席。
	9.22	昭和天皇宮内庁病院入院・手術。周辺に機動隊配置。沖縄国体への訪問中止。
	9.24	朝日新聞名古屋本社新出来寮に男が侵入、散弾銃発射、逃走。
	9.26	在京新聞7社が“Xデー”に備えた報道協定取り決め。
1988年	9.19	天皇、吹上御所で吐血。重体に。9/22手術。
	9.21	在京民放5社が編成局長会議。“Xデー”の放送体制協議。
	10.19	「リクルート疑惑」で東京地検特捜部がリクルート本社など家宅捜索。
	11.2	竹下首相、天皇の病態をめぐり、小林新聞協会会長、中川民放連会長、池田NHK会長、酒井共同通信社社長、相賀雑誌協会理事長、木暮電通社長と会談。
1989年	1.7	昭和天皇病没。明仁皇太子、天皇に即位。 マスメディアや主要官庁・企業など服喪体制（～1/8）。
	1.18	本島等長崎市長、銃撃され重傷。
	4.9	『NHKスペシャル』「拝啓　長崎市長殿～7,300通につづられた“昭和”」

高齢にもかかわらず、天皇夫妻がアジアや太平洋の戦跡を訪ねて戦没者を慰霊したり、熊本地震、東日本大震災などの被災地を訪ねるニュースは、近年途切れることがない。ぼくの母はあの戦争で、娘（ぼくの姉）やその他多くのものを失ったのだが、安野光雅の画による美智子妃の歌集を愛してやまなかった。ぼく自身は、近代史や天皇に関する記録に大いに興味はあったが、真剣に天皇（制度）について考えることは、ほとんどなかった。一九八七年、自分が担当する天皇病状ニュースとして、責任が生じるまでは……。

昭和天皇が逝去した一九八九年は、ヨーロッパでもベルリンの壁が崩れ、東西冷戦が終わった世界史的な年だ。日本でもリクルート事件などで政治改革が必至となり、参院選では与野党が逆転し、首班指名された社会党党首・土井たか子が、「山が動いた」と表現した。そして「激動の昭和」が終わったことは、偶然とはいえあまりに鮮やかな時代の転換だった。昭和が終わることは以前から予測され、その日（Xデー）の放送の準備が進められていた。ただメディアにとっては、いくつもの大きな問題が残っていた。最大の問題は「服喪（番組）の時期と期間」についてである。Xデーの予測は、天皇の並外れた体力、医療チームの不統一、各種情報の錯綜の中で、微妙な問題だった。服喪の期間を何日間にするかは、政治・経済・外交から教育現場まであらゆる利害に関わることで、誰がどのように決めるのかも大きな課題だった。また「服喪番組の内容や用語」の問題もやっかいだった。天皇の神格化につながるとして、「崩御」という言葉の可否が、大きな論争になっていた。「昭和の終わり」「天皇代替わり」という歴史的なパラダイム転換をどのように伝えるのか、昭和という時代をどのように総括するかは、歴史家や思想家にとってだけでなく、昭和の時代や戦乱に翻弄されてきた大多数の日本人にとって、極めて強い関心事だった。報道の現場では、さまざまな予定原稿や映像資料が準備されていたが、何がどのような展開を見せるのか、天皇の病状に関する正しい情報はどこから入手できるのか、どのような機関や主体が社会の転換をリードするのか、誰も分からなかった。

これに先立つ一九八七年九月二十二日、昭和天皇が宮内庁病院に入院し、手術を受けた。二十九日から三十日にかけて、ぼくは朝のワイドニュース『モーニングワイド』の宿泊勤務だった。三十日朝、宮内庁医師団が発表した「天皇の病気は慢性膵炎で、がんではなかった」というコメントを八時のニュースで放送した。[*1]実は末期のすい臓がんだったが、関係者の〝暗黙の了解〟で医師団はごまかして発表し、メディアもこれを追及しないことになっていた。放送後、ぼくはアナウンサーたちと食堂へ行って、納豆の朝食をとってから部屋へ戻ると、あちこちの電話が鳴りっぱなしだった。電話のほとんどは、天皇のニュースに関する抗議で、「ＮＨＫは何を考えているのか！　天皇が〈がん〉になるはずがないではないか！」「天皇に手術をするなんてとんでもない！」という類のものだった。ぼくは改めて、天皇に関心を持ちつつも日ごろは発言しない「サイレント・マジョリティ」の存在の大きさに驚き、考えさせられた。

はじまった「Xデー」報道

一九八八年九月十九日深夜、八七歳の天皇が再び倒れ、まもなく重体に陥った。一瞬にして、日本は異様な緊張に包まれた。もう長くはもたないことは予測され、[*2]メディア各社は直ちに緊急報道体制に入った。病状は徹夜で報じられ、翌朝の各駅では、各社が号外を競い合った。国民は当初は息を詰めて、病状を伝えるテレビ画面を見つめた。[*3]

翌二十日のテレビは天皇病状一色になり、『あぶない刑事』『11ＰＭ』（日本テレビ）、『ひらけ！ポンキッキ』（フジテレビ）、『ソウル五輪速報』（テレビ朝日）、『爆笑おもしろ寄席』（テレビ東京）などが放送中止になる。他方、すべてのワイドショーが、かねてから準備していた昭和の歴史や回顧番組、天皇家・皇族の歴史や、皇室関係者・学友らへのインタビュー、談話・秘話などを一斉に放送し始める。ワイドショーを作るプロダクションや、スポーツ紙、芸能誌・女性週刊誌では宮内庁記者クラブに入っていないフリーの記者やレポーターも多く、良くも悪くも宮内庁のコントロールが効かない。自粛っぽいポーズを取りながらも〝やりたい放題〟に〝書き飛ばして〟いく。

ニュース部門はともかく、それぞれのワイドショーは、他社の画面を見ながらどんどんエスカレートし、スポーツ紙、芸能・女性誌が危機感をあおる。こういう局面になると、同業他社との競争以前に、同じテレビ局内で制作される他のプロダクションやチームとの競争に異様なエネルギーが発揮されて、視聴者・読者の意向は二の次になっている。お笑い番組、音楽や芸能番組、派手なスポーツ中継など〝色もの番組〟が消えていき、深海に沈んだような、戒厳令下のような気配に満たされていった。

在京の民放五社は、九月二十一日に編成局長会議を開き、天皇逝去後は（1）コマーシャルはすべて外す、（2）服喪放送に関する従来の各社合意四八時間を十一時間延長し、最長五九時間とする、（3）通常編成に移行しても当分、演芸・歌謡番組を避ける、などで合意した。昭和の時代の歴史的な総括とか、天皇制の功罪を社会全体でじっくりと議論する前に、メディアが構成した「服喪のコンセプト」によって、世の中の基調が整えられていくことに、誰もが少しずつ違和感を覚えていたのではないだろうか。

完成していたマニュアル

ＮＨＫ内では「昭和史」という隠語で呼ばれてきた巨大プロジェクトの、Ｘデーへのカウントダウンがついに現実化した。報道体制のマニュアルは、すでに何年間もかけた無数の会議で精緻に積み上げられていた。現場では、報道局を中心にして、最低三日間の臨時放送編成の計画、膨大なビデオ素材の使い方、取材・中継・送出の人員配置やスタジオセットの組み方、スタッフの服装や放送用語など、ことこまかに各種のマニュアルが完成し、それなりの訓練もされていた。番組制作局では、天皇個人と皇室の歴史や昭和史などの各種予定番組も出来上がっている。

繰り返されてきたシミュレーションに従って、宮内庁に置かれた前線本部が、講堂の記者会見場、宮殿、吹上御所、松の間などをカバーし、二重橋、坂下門、東宮御所、首相官邸の拠点で、それぞれ数人のディレクターとカメラマン、技術グループ、車両運転手、助手らが二四時間体制で待機した。半蔵門、乾門はじめ皇居への各出入り口、警視庁、各宮家、宮内庁病院、各地の御用邸などにもスタッフが張り付いた。街頭インタビューや予期できない動きにも対応しなければならないと、体制はだんだんエスカレートしていく。ぼくは朝のワイドニュース『モーニングワイド』の、徹夜を含むローテーションのきついデスク業務をこなしながら、皇居・坂下門の中継グループの責任者だった。

坂下門は、東京駅から宮殿と宮内庁に近接する一番大きなゲートだ。ぼくはまず、バスのような中継車を門の南の緑地に駐車させなければならなかった。東京都内でのテレビ中継の駐車は、通常、警視庁の許可をとる。しかし皇居外苑は皇宮警察と環境庁が管理している。ここに駐車許可を申請した前歴がない。どこへ届けを出せばいいのか、「何のためにテレビ中継車を停めるのか」という理由がうまく書けず、ともかく〝緊急事態〟ということで、無断で駐車した。最初に来たテレビ朝日が門に一番近い所に置いてあった。次がNHK、その隣がテレビ東京だったが、書類を出す名目とタイミングを失って無断駐車が続き、ようやく十一月末、環境庁がぼくらに〝許可〟を出した。

ピリピリに緊張しているようで、現実にはどこに責任があるのかよく分からない巨大プロジェクトの、数多くのマニュアルを見ているだけでくたびれてくる。ともかく死去の情報を、他社に抜かれないこと（できればスクープすべし）、不確実な情報に惑わされない、つまり天皇に関する誤報があってはならないこと、などが絶対的な命題だった。かつて「ホテルニュージャパン火災事故」と「日航羽田沖墜落事故」のニュース（ともに一九八二年）が民放より遅くて、「公共放送の怠慢」として国会で追及されたことが、報道局幹部の深いトラウマになっていた。NHK敷地内に完成したばかりの新しいニュースセンターには、大がかりなコンピュータの自動ニュース送出システムが導入されていたのだが、初期不良や誤操作も重なってトラブルが多かった。Xデー報道が無事終わるまで、新システムの本格運用は控えるというほど、Xデーはすべてに優先するイベントだ。

聖飢魔IIより有名な人が

千代の富士の優勝祝賀会、中日の優勝パレードをはじめ、結婚式、村祭り、各種のイベントが「自粛」によって中止されていく。全国の寺院では平癒祈願も行われ、各地の議会で「快癒決議」がなされたり、逆に自粛への抗議行動が組織された。自粛圧力は次第に社会全体に蔓延し、息苦しくなっていった。天皇制や昭和を考える多くの市民集会と行政とのトラブルが続発し、各地の公共機関が摩擦を恐れて、消費者団体や女性運動のような集会にさえ会場を貸さなくなった……。一体これはどうしたことなのか？　憲法十九条に謳われる「思想及び良心の自由は、これを侵してはならない」、二十一条「集会、結社及び言論、出版その他一切の表現の自由は、これを保障する」は、どこへいってしまったのか？

ジャーナリストたちは、どう反応したのか。今よりはまだ少し元気があった民放労連（民間放送局の労働組合連合）は九月二十六日、「国民に服喪を強制するような放送体制を再検討し、主権在民の編成をするべきだ」と、民放連に申し入れた。新聞労連は二十七日、「一つの局面に過度に集中した報道は、民主主義を守るという新聞の使命を放棄することになりかねない。多様な事実を伝えてこそ新聞の使命が果たされる。国民、読者が求めているのは冷静、客観的な天皇報道を行うことだと自覚し、そのために全力を尽くすべきである」との声明を発表し、新聞協会に申し入れた。イギリスやオランダの新聞など海外各紙が、昭和天皇の戦争責任に関する記事を載せたことを自民党が批判したため、九月二十九日、外国特派員協会のアンドリュー・ホルバート会長が自民党本部を訪れ、「報道の自由に〝程度問題〟はない。真実は不愉快な意見を封じることによってではなく、自由に意見を闘わせる中で見つかるものだ」との反論文書を提出した。ぼくたちの日放労（ＮＨＫ労組）は、十月十七日の団体交渉で、「国民全体を一つの方向に引っ張っていくような報道はすべきではない。公共放送ＮＨＫは決して挙国一致や国民の感情統制の手段として存在してはならない」と経営に申し入れをする。

そんな中でも、沖縄の反応は複雑だった。前年十月の沖縄「海邦国体」では、天皇の出席に反対したり、戦争責任を問い直す各種集会、シンポジウム、デモなどが、各地で開かれた。十一月、沖縄では、天皇に代わる皇太子夫妻の訪問に対して、本土から駆け付けた人たちも交えて、賛否両勢力が街頭で激しく衝突していた。八九年の入院についても、西銘順治知事が見舞いの談話を出し、琉球大学の教職員会などが自粛批判の声明を出していた。

昭和と切り離せない戦争や飢餓の時代を経験したすべての人たちにとっても、思想的アイデンティティに関わる右翼や左翼にとっても、天皇の死去に伴ってどういう歴史的な評価がなされるのかは決定的な関心事であり、各地で衝突を繰り返した。右翼団体の多くの街宣車が、連日、朝日新聞や毎日新聞におしかけ、また「天皇の戦争責任」に言及した本島等長崎市長を脅迫したり、市庁舎に物を投げたりし、後には市長を銃撃するに至る。各新聞・雑誌の論説も、昭和史の評価や天皇の戦争責任などをめぐり百家争鳴の状態となっていた。

ぼくらの『モーニングワイド』のスタッフも、次第に皇居周辺に駆り出されてゆき、泊まり勤務のローテーションが六日間隔から、五日、四日と短くなってくる。睡眠不足が溜まってきて、いつでもどこでも眠れる状態に陥ってくるのが、自分で自覚できる。某新聞のデスクが、過労で死んだことも聞こえてきた。

秋が深まって、冷たい雨が降りしきる皇居のお堀に向かって、いろんな人たちが傘をさして、〝何か〟

を見守っていた。若いアベックも少なくない。学校をサボってきたような制服姿の少年・少女たちもいた。目立った動きもないある日のお堀端で、ぼくは退屈しのぎに若者たちに話しかけた。「（ぼく）ここで何かあるの？」。「……よく知らないけど、誰か死ぬらしいよ……」。「（ぼく）どんな人なの？」。「……なんか有名な人らしい。聖飢魔Ⅱ（超人気ロックバンド）より有名な人で……」「植物が好きな人らしいよ」。「（ぼく）その人が死ぬと何かあるの？」。「……」。ただ立ちすくんでいる若者たち。論壇で殺気立った議論や衝突を繰り返している左右の運動家たち、ジャーナリストや政治団体、公安警察、〝熱い大人たち〟とは程遠い若者たちのとりとめのない表情……。さまざまな意味で昭和天皇の存在や歴史は、この若者たちにはまったく伝わってない。家でも学校でも、誰も天皇のことなど教えてもいないし、話題になることもないのだから、知らないのは当然だ。

情報統制VS報道競争

Ｘデーがいつになるのか、公的機関がどれだけの間「喪に服する」かは、実務的に深刻なテーマだった。ＣＭがなくなると死活に関わる民放は、服喪は「最大五九時間」という合意があったが、ほかのメディアや広告業界はもとより、銀行や証券取引所、生産ラインを止める企業、世界からの弔問客に対応する外務省、治安維持を担当する警察関係、入試の行方に気をもむ教育界など、日本中がＸデーの総合プロデューサーを求めて周囲を見回していた。要するにＸデーは日本内外の第一級の関心事だったが、決定権者がいなかった。

「宮内庁はできる限り病態の情報を公開すべきだ」という苦情や批判が、メディアから繰り返され、同様の声は政府部内からも、各界からもあがっていた。しかし宮内庁は「天皇の病状はプライバシー」であり、「皇室行事は神事」だとして、最後まで病状発表は最小限にとどめられた。昔から皇居内の〝私事〟は原則として公表されず、最小限の必要事項だけが恭しく「投げ入れ」と称して、記者クラブの黒板に張り付けられるだけだった。当初は病状への質問にも答えなかったが、社会全体からの病状情報へのニーズは強まるばかりだった。政府は、少しずつ宮内庁の人事を動かして風通しを図ったが、全体として秘密主義的な姿勢は最後まで変わらなかった。国民の保守的心情や、右翼の反発を恐れたためだろう。

結局、宮内庁記者クラブに登録されていた最大時一二〇〇人を超えるジャーナリストと、その何十倍かのメディア関係者は、それぞれのやり方で天皇の本当の病状を入手しようと、激しい特ダネ合戦を繰り広げていた。東京よりも京都を中心にした旧華族の霞会館や常盤会あたりから最初の情報が出る、といったまことしやかな噂も流れ、各局は「どこかに抜かれるのではないか」と、戦々恐々としていた。

病状に一喜一憂するメディアが、異様な社会的雰囲気を醸し出していることに対し、各地の大学の研究者、弁護士会、日本ペンクラブの作家たちも、過剰報道や社会的な自粛批判の声明を、次々に出していた。東大・京大・東北大・法政・明治などいくつもの大学で、事実上の戒厳体制への抗議のストライキやバリケード封鎖が行われた。テレビ視聴者からの批判も強かった。国会に呼ばれたＮＨＫの遠藤利男放送総局長は、「ＮＨＫにかかってくる電話の四割が問い合わせや意見で、六割が過剰報道に対する批判だ」と答えざるを得なかった。毎日新聞は十月九日の社説で、自らを含めた「メディアの過剰報道に注意を喚起する」、というジレンマにあふれた社説を載せた。

ぼく自身も何人もの知人から、「天皇はもう亡くなっているのに、政府やマスコミが隠してるんじゃないの?」という質問を受けて、考えさせられた。いくら事実を伝えているつもりでも、政府やマスコミ情報に対する市民の信頼感覚は、そんなところかもしれない。天皇に直接接している侍医団が発表する情報は、粉飾されていて信用できないことは広く知られていた。十一月になって、病態が侍医団や宮内庁病院の手に負えなくなって、東大・慶應病院の医師たちがサポートに入って、粉飾の余地は狭くなった。

現実の情報力学としては、宮内庁の「オモテ（官僚）」と「ウラ（侍従や侍医団）」の確執、皇族vs旧華族、皇族vs宮内庁、侍医団vs東大病院、皇宮警察vs警視庁・警察庁、宮内庁vsマスコミ……いくつもの競合や確執が複雑に重なっていた。そこに外務省・法務省・文部省・通産省、さらにリクルート事件で身辺に火の粉が迫っている政治家など、あらゆる勢力が押し合いへし合いする中で、結果として「相互圧力のバランス」のようなものが生まれ、天皇はその隙間に横たわっていた、というのが率直な印象だ。政府や国会はもちろん、あらゆる省庁や医療界までが見守る中で、情報隠しの余地もメリットもなかった。むしろそうした国家的な重圧の中で、誰が服喪期間などを仕切るのか、重苦しい真空の空間のようなものが生まれていることは、推測できた。

L字型ワイプと報道批判

　この自粛への同調圧力を煽っているかに見える情報装置の一つは、二四時間病状を流しつづける、テレビ各局の「L字型ワイプ」にあった。メイン画面の端っこをL字型にした青いベースに、天皇のその日の体温・脈拍・血圧・輸血・呼吸などの数を表示する字幕である。この字幕情報が作り出す異様な雰囲気と同調圧力に対して、視聴者・国民が受けるストレスは明らかだった。ぼくも、このL字型ワイプには〝やりすぎだなぁ〟という責任をひしひしと感じていた。公共放送だから、非難覚悟でこの報道をリードすべきなのか、公共放送だから勇気をもって止めるべきなのか。考え方は分かれるところだが、幹部が判断するホンネは、「公共放送だから」ではなく、「競争状態だから」ということだった。

　朝のニュース番組『モーニングワイド』は、夜一〇時から朝一〇時までの世界中のニュースを、ほぼ徹夜で取材・編集し、早朝から送出する。「三年デスクを続けると倒れる」と言われるキツイ仕事で、五つ前後のチームでローテーションを組んで担当する。この編責（編集長）やぼくらデスクたちが交代で、毎日数回の打ち合わせ会議を開き、ニュース全体の見通しや情報共有、引き継ぎや用語の統一などの調整をする。二四時間放送されるL字ワイプが社会にもたらす萎縮効果や、市民生活にかかるストレスを、このデスク会議も強く意識していた。闘病が長期にわたる中で、皇太子や首相までもが指摘する*4過剰な報道を、もっと落ち着いたものにすべきであることは明らかだった。L字ワイプを何とか縮小できないか……。ぎりぎりの吃水線を越えるためには、ここで視聴者運動のようなものがNHKに抗議に来てくれるといいのだが……というムシのいい妄想が、ぼくの頭を駆け巡った。義賊の出現に期待する「袴垂れはどこだ……[*5]」という、追い詰められた気分だった。誰も口には出さないこのテーマに、かなり迷った末、思い詰めてついにぼくが口にした。「L字ワイプを止めたらどうでしょうか?」。会議室の空気は重苦しかった。全員が同じ思いを抱いていたはずだが、誰も続いては発言しなかった。長い沈黙が支配した。最後にA部長が締めくくった。「止められるものなら止めたいよなぁ……」。国民全体から注目され、海外メディアを含めた他社との激しい報道合戦を繰り広げている中で、今さら止めるわけにはいかない、という苦渋がにじんでいた。会議は散会した。

報道現場は自縄自縛状態だったが、批判的な視聴者・市民の眼差しとは完全に切断されていた。L字ワイプはXデーまでずるずると続いた。

トイレのない坂下門で

降り続く雨の中、各局のカメラマンやスタッフは、皇居のそれぞれの門の周辺に陣取って、皇居に出入りする医師や、ほぼ毎日行われる輸血関係の車両の動き、皇族・親族の動きを凝視していた。宮内庁の発表からは、本当のコトが分からないからだ。ＮＨＫの記者だけで一日二五〇人前後、それにディレクターや技術スタッフ、アルバイトなど膨大な報道陣が、二四時間、皇居を取り囲んでいた。ＮＨＫが一日に借り上げるハイヤー代、放送回線料、弁当や諸経費は二五〇〇万円になるとも聞いた。報道関連スタッフだけでは足りず、本来ドラマなどを創る制作局スタッフや全国各局にも割り当てて皇居周辺に動員した。報道局が全力を傾けることは仕方がないとして、ドラマや教育・教養番組を毎日出している制作局や、地域取材をするべき地方局にも最大限の動員がかかっていることへの不満や疲労が、現場には積み重なっていた。どの社も事情は同じだったが、NHKより人数の少ない民放は、より厳しいローテーションだったに違いない。信頼できる情報を宮内庁が出していれば、これほどの無駄な作業と経費は掛からなかったことは確実だ。

宮内庁の中にある記者クラブの狭い部屋に、ぼくらは交代で泊まり込む。このクラブのソファは古く汚いのだが、一日泊まると必ずノミやダニの付録がついてきて耐えがたかった。雨の中、皇居の多くの門や橋のたもとなどに張り付けられている取材陣にとっても、必要資材の補給担当者にしても、三食の弁当・トイレ・ホテル・日用品の確保は切実だった。雨が続く寒い日々、狭い中継車の中だけで、数人が二四時間待機しつづけるのは苦行そのものだった。隣のテレビ朝日の朝食には、ホットコーヒーがついていて、いい香りがこちらに漂ってきたが、「公共放送」としてはコーヒーまでは手が届かない。スタッフの数だけ、毎食の駅弁を確保することが、現場責任者の最小限の義務だったが、その数が合わないこともあって、気まずい空気もしばしば流れた。公園の中に公衆便所はあるが、ペーパーはついてない。本部との連絡電話で、時々はトイレ紙を注文しなくてはならない。東京駅に近いホテルに用足しに行けばいいのだが、ひょっとしてその間に非常事態が発生することが一番恐ろしいことだったし、それはいかにもありそうなことだった。

誰もが晴れやかな表情で

日本は六〇数年間、天皇の葬儀というものを経験したことがなく、誰も「天皇代替わり」のイメージを描けない。当日何が起こるか、誰も分からない。坂下門では、一九七一年と七五年に「坂下門突入事件」という出来事があって、Xデーには左翼・右翼の衝突や、右翼の自決や、その他予想できない何かが起こるかもしれないと噂された。

そして正月が明け、日本中が動き出す直前の一月七日未明、絶妙のタイミングでXデーはやってきた。その頃はすべてのテレビ局や主要公共機関が「三日間の服喪態勢」で一致していた。やはり、というべきか。天皇を偲び、昭和史を振り返る番組ストックは、各局とも準備万端だった。緊張の中にも粛々と番組は流され、多くの人たちは、最初はそれぞれの感慨や、積もった怒りや、いくばくかの安堵感を抱いて「歴史的な時間」を過ごした。何かが起こるかもしれなかった坂下門はよく晴れていた。陽が昇ると、多くの人たちが続々と集まってきた。用意された何列もの記帳台で記帳するためだ。多くは家族連れで、記帳したあとはぶらぶらとその辺を歩き、そして互いの記念写真にポーズをとる。誰もが例外なく晴れやかな表情だった。そのうちお役人が白い紙を持ってきて、広場の真ん中で高々と掲げた。その紙には「平成」と大書してあった。みんながその紙の周りに集まっては、ニコニコと満足げに写真を撮った。右翼も左翼も来なかった。メディアが密かに期待していたようなことは何も起こらなかった。新橋駅前で一人叫んでいた有名な右翼・赤尾敏が、誰も立ち止まらないので、怒ってマイクを投げ捨てたという噂だった。

極めて穏やかな七日と八日が過ぎた。テレビ局が大仰に作り上げた昭和関連番組は、多くの人に飽きられてしまい、ビデオ屋が繁盛しているようだった。そして「三日間の服喪」予定は、日本中でなんと二日間で終了、ということになってしまったのだ。

何も起きなかった八日の夜遅く、ぼくたちは人影も途絶え、凍てついている皇居前でまだ待機中だった。この現場を監視する画像は本部に直結していて、各社のスタンバイ状況も本部からは見える。そのため、他社がいるうちにＮＨＫが撤収することは、許可されなかった。しかし現場にいれば、もう何も起こらないことは明瞭だった。ぼくらは、坂下門からの中継の予定はもうなかった。本部に撤収の伺いをたてたが、やはり「まだ照明が点いている。どこかの社が何か〝衝撃のレポート〟をするのではないか」との警戒心で、許可が出なかった。各局の記者やアナウンサーが、夜はライトの前でレポートしていたのだが、六局がそれぞれ照明をつけっ放しにしているのは無駄なので、毎日一社が当番で照明を担当していた。八日はＮＴＶかどこかだった。ぼくはそのライトマンに「おたくはこれからレポートしますか？」と訊くと、「いや、ＮＨＫさん、やるんじゃないですか？」と言うので、「ウチは終わったから消してください」ということで坂下門のテレビライトは消えた。ＮＨＫがまだ何かやるのかどうか、そこを観察されていたのかもしれない。モニターを見ていた本部は、ライトが消えたので安心して撤収を許可した。

〝一五年戦争勝利万歳！〟

凍えた体で本部に戻ると、ちょうど打ち上げが始まるところだった。あちこちの中継班や局内担当者たちが、大食堂に集まっていた。合わせて二、三百人もいただろうか。三日間予定した大イベントが二日間で終了するといううれしい誤算もあって、誰もがほっとしていた。天皇代替わりを大過なく伝えるという重圧感と、四カ月間の過酷な報道態勢からの解放感が食堂いっぱいにあふれていた。まもなく会長に昇格する〝ＮＨＫのドン〟島桂次副会長（その後一九八九〜九一会長）が挨拶に立ち、この大プロジェクトの成功を褒め称えてこう言い放った。「われわれは天皇報道をめぐる一五年戦争に勝利した！」。そして高揚した気分で万歳三唱をリードした。一五年間の苦闘が実を結び、他社に抜かれることもなくＸデーというゴールを迎え、視聴者を引き付け、熾烈な報道競争に勝利した、という意味のようだった。

もとより「一五年戦争」とは、一九三一年から一九四五年へかけての日中戦争・太平洋戦争などを総称する言葉である。実際の一五年戦争の責任も問われてきた「昭和天皇の死」という重い区切りのときに、メディア間の業界競争を、一五年戦争に例える感覚には、ぼくは絶句せざるを得なかった。いくらなんでも「一五年戦争勝利」という表現はないだろう。しかし島副会長の一五年戦争勝利宣言の意味を読み解けば、第一に報道局のドンとしての雄たけびであっただろうし、第二に「Ｘデー競争」に総動員をかけた局内体制に批判的な、局内のライバルである制作局への牽制・あてつけである。そして第三にはテレビ局他社や、何かにつけてＮＨＫにいちゃもんをつけてくる政治家たちへのパフォーマンスでもあったに違いない。ドン・島は「直情径行で乱暴な指揮官」というイメージで語られがちだし、彼に政敵と見倣されたり面罵された人たちからは毛嫌いされていたが、島は単なる獰猛な怪物ではない。彼なりに考え抜いた報道戦略で、官僚主義的なＮＨＫを改革しようとする強い理念を持ち、奔走してきた孤高の戦略家である。しかし独りよがりで、力づくでそれを実現しようとする悪癖が、有能な人たちを遠ざけ、横暴を止める人が誰もいなくなる原因となった。「一五年戦争」発言を深読みすれば、彼にとっての「ＮＨＫ改革の一五年戦争」だったのかもしれない。

日本中を重圧下に置いた「Ｘデー報道体制」への世間の評価は、当然ながら厳しいものだった。[*6] 局内でこの四カ月疲労困憊している人たちは、どうでもいいから早く帰りたいのがホンネだった。次に挨拶に立ったのは、教養番組出身で制作局を率いてきた遠藤利男放送総局長。さすがにその場の空気を汲んで、「ＮＨＫはこの二日間、昭和史報道のみではなく、教育テレビは通常の編成で番組を流しつづけた。そこがＮＨＫの懐の深さだ」と、まことに核心を突く発言をした。有無を言わせぬ翼賛会的なＸデー体制に対し、オルタナティブな一矢を放ったのだ。会場の空気が微妙に割れた……。ここはもう、基本的な「勝負の場所」ではないなあと、ぼくは心の隅で自分のシラケを持て余していた。

その後数年で、ぼくはＮＨＫを早期退職する道を選ぶ。この天皇報道への疑問が原因というわけではない。しかし心の隅で、日本のジャーナリズム感覚やＮＨＫの臨界点を感じてもいたし、言論・表現の自由という近代社会の初歩的な価値観さえ、日本ではまだまだ普通の感覚にはなっていないことも痛感していた。心の隅っこで、このまま終わるわけにはいかない。もっと基本的なことをやらなければいけないと、うっすらと、しかし強く感じていた。

冷戦の終結や天皇代替わりが現代史に与えた影響ははかりしれないが、NHKにも微妙な変化があった。この年三月、一三年続いた『NHK特集』が終わった。一九七六年に放送開始して以来、NHKの看板番組として評判は高かったが、その分失敗を恐れて、次第に「安全運転」「マンネリ」との評価も多くなっていた。新たなスタッフによって四月から『NHKスペシャル』にタイトルが変わり、これまで取り上げなかったテーマにも積極的に取り組むようになっていく（第2章参照）。時代は変わりつつあった。

ところで、「平成の終わり」が遠からずやってくる。その時、言論・表現の民主主義はどのように機能することだろうか。もっと国家主義的な圧力がはびこらなければいいのだが。

注

＊1　宮内庁病院医師団は、病理検査の結果、「がん組織認めず。慢性すい炎」と発表。一九八七年九月三十日付の各新聞。

＊2　朝日新聞「すい臓部に『がん』」「お気持ちを考え公表せず」（一九八八年九月二十四日）。共同通信（全国三八紙掲載）「がんだった」（一九八八年九月二十四日）。宮内庁長官が九月二十四日「遺憾」と朝日、共同通信に抗議。

＊3　病態が危機的になった一九八八年九月二十四日の全日（六〜二四時）の総世帯視聴率は五五・四％、二十五日は五七・一％。なお八九年一月七日が五三・二％、八日が四九・二％（ビデオリサーチ社）。

＊4　十月七日、皇太子（今上天皇）が「国民生活に影響が出るような過剰な自粛は、天皇のお心に沿わない」と懸念を述べる。

＊5　福田善之による戯曲。初演は劇団青年芸術劇場（一九六四年）。

＊6　一九八九年一月七日、八日の二日間の放送局への意見や問い合わせの電話は、つながった数でＮＨＫがおよそ一万八〇〇〇件、民放が七〇〇〇件。放送内容への批判や苦情が半数以上だった（朝日新聞一月十一日）。

III

市民が紡ぐもうひとつの公共放送

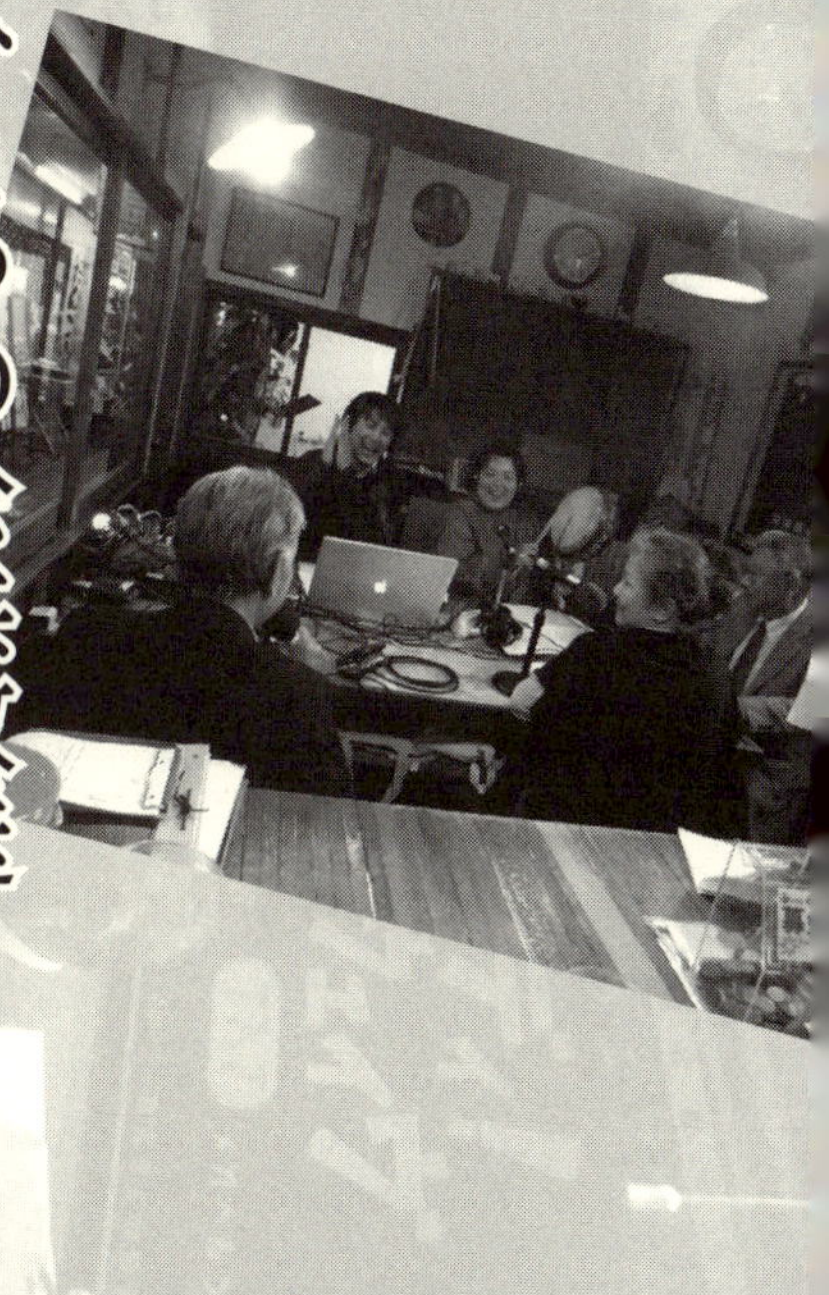

扉写真：奄美市内の市場の中のコミュニティFMスタジオ「末広市場ディ！ 放送所」（第12章）

第９章　メディアを奪い返してきた人たち
——言論・表現の公民権運動

1695年　ライセンス・アクトの撤廃により言論・出版の自由成立（英）。
1776年　アメリカ独立革命。ヴァージニア州憲法で言論・表現の自由を規定。
1789年　フランス大革命。人権宣言に「信教の自由、言論・表現の自由」。
1948年　国連での情報自由協約と世界人権宣言（情報の自由など）の採択。
1949年　FCC、公正原則（フェアネス・ドクトリン）制定（米）。
1960年代　公民権運動に始まる市民運動、放送にも広がる（米）。
1967年　情報自由法制定。公共放送PBS成立。J・バロン、アクセス権を提唱（米）。
1971年　カナダ多文化主義政策。先住民の言語によるラジオ局発足。
1972年　FCC規則、大規模なCATVにPEGチャンネルを義務付け（米）。
1970年代後半　ヨーロッパ各国で無許可自由ラジオ盛んに。
1983年　世界コミュニティラジオ放送連盟設立（AMARC。本部・カナダ）。
1984年　ケーブル通信政策法制定。PEGがフランチャイズ条件に（米）。
1989年　EU閣僚会議、国境のないテレビ放送に関する命令採択、91年施行。
1990年　国連子どもの権利条約で児童のあらゆる情報へのアクセス権を要求。
1995年　国連世界女性会議行動綱領、女性のメディアアクセス行動指針を決定。
1999年　先住民向けのテレビ局「APTN」放送開始（加）。
2000年　放送法改正。01年からKBSで市民制作番組放送開始（韓）。
2005年　原住民族電視台（06公共放送機構、07客家電視台）スタート（台）。
2006年　FCCフランチャイズ規制緩和。以後パブリック・アクセスの危機深まる（米）。
2008年　EU議会、コミュニティ・メディアに積極的な支援策を求める決議を採択。
2015年　シャルリー・エブド事件、パリでの大規模テロ事件（仏）。

「思想・信条の自由」「言論・表現の自由」。近代市民社会の基礎にある、クサイながらもまぶしい言葉だった。一八世紀から一九世紀にかけて、ヨーロッパ世界が中世を乗り越えた一連の近代市民革命、植民地支配からのアメリカ独立革命の思想的原動力は、このキーワードだ。しかし革命を率いた新聞は、産業革命を経て寡占化・産業化したことによって、一般の人たちを言論・表現の公共圏から締め出し、しばしば特権的な立場を誇示してきた。二〇世紀の二つの世界大戦とそれに続く冷戦の中で、マスメディアは帝国主義的覇権とイデオロギーの道具として使われた。また商業主義メディアは政治的な話題を避け、もっぱらスキャンダラスなビジネスに明け暮れ、マスメディアは「組織された利害団体の広報活動と消費的公共圏」になりさがった、というのが定説である。[*1]マスメディアから締め出された人たち、少数派の人たちは、自分たちの暮らしや文化を守り、コミュニケーションを確保し、メッセージを届けるために、自前のメディアを創りだす闘いを世界中で繰り広げてきた。恥ずかしいことだが、そういう初歩的なことを、NHKにいる頃にぼくはまったく知らなかった。

一九九五年、阪神・淡路大震災では、あらゆるボランティア活動が救援や復興を支えたが、情報・メディアの領域でも自主的な活動が立ち上がった。マスメディアの限界を超えて、在日ベトナム人、フィリピン人、韓国・朝鮮人たちが立ち上げた自主的な放送局、無免許の〝海賊放送〟や、聴覚・視覚障害者向けの情報提供が始まった。後の「FMわぃわぃ」[*2]や「目で聴くテレビ」[*3]である。このありさまを、ぼくは一つのチャンスだと考えてNHKを辞した。まず真っ先にメディア先進国と信じていたアメリカの「パブリック・ジャーナリズム」や「パブリック・アクセス」の事情を知ろうと、仲間たちと調査に行った。ニューヨークで、巨大なスタジオや機材を自由に使いこなす市民テレビ局（パブリック・アクセス）を見て、こんなことが市民にできるのかと、正直たまげた。

ヨーロッパ、カナダ、台湾、韓国などでも、メディアを市民の手に取り戻す闘いの歴史と現況を調べて回り、文字通り目からウロコが落ちる日々だった。民主化を進める韓国では、東亜日報ビルを占拠・改築した市民メディア集団「メディアクト」の意志的な戦略にも驚いた。台湾に生まれた先住民放送局の誇りは瑞々しかった。マスメディアを中心に思い描いていたぼくの「正義と公正のメディア世界」のイメージと、実際に各地の市民たちが「自分自身の表現」「当事者の声」として創りだし、使いこなしている多様で奥深いメディアとの間には、巨大な溝があった。力のある「自分たちのメディア」を持たない市民は、日本と社会主義圏と、イスラム圏くらいであることがだんだん見えてきた。実は日本は、言論・表現に関して極めて不自由な国で、社会主義圏・イスラム圏と同様に独裁を受け入れやすい脆い構造を持っているのだった。

しかし今日、言論・表現の自由、人権、民主主義を誇ってきた西欧でさえも、移民やイスラム文化に対して、排外的な姿勢を強めつつある。社会から排除・孤立させられてきた人たちは、「ヘイトスピーチ」や「シャルリー・エブド事件」などに象徴されるような、憎悪や暴力による対抗的な言動を展開するに至っている。グローバリズムの落とし子である彼らは、近代社会の「銅貨の裏」であり、「言論・表現の自由」のネガである。

あらゆるメディアを駆使するＮＹ市民

世界中から移民がやってきたアメリカは、多くの言語・文化と、自治的な数万のコミュニティから成り立つ。今では、それぞれのコミュニティが、活字・ラジオ・テレビ・インターネットを問わずあらゆるメディアを駆使してメッセージを発信し、コミュニケーションを図っている。アメリカは多くの矛盾や問題を抱えてはいるが、「信教・言論・表現の自由を無条件に守る」「コミュニケーションやメディアの自由こそが社会の基盤だ」という思想を、かろうじて国民の共通認識にしてきたといってもいい。一方、自由競争が原則であるアメリカでは、放送はほとんど商業放送で、公共的な放送を担うのは、各地域の非営利局放送局（ＰＢＳ）、公共ラジオ、ケーブルテレビの市民チャンネルだ。

ニューヨーク・マンハッタン区の大きなビルに入っているＮＰＯによる市民テレビ局「マンハッタン・ネイバーフッド・ネットワーク（ＭＮＮ）」は、「パブリック・アクセス・チャンネル（ＰＡＣ）」を使って多彩な市民制作番組を放送する。四つのスタジオでは、毎日平均十三の団体が番組を制作している。例えば、世界中に知られるエイミー・グッドマンの『デモクラシー・ナウ』は、黒人に対する警察の暴力、キューバにあるアメリカのグアンタナモ収容所での不法行為など、メジャーメディアが取り上げない政治的なテーマに、シャープな論陣を張る人気番組だ。また湾岸戦争反対のキャンペーン以来、ディーディー・ハレックらがリードしてきた制作集団「ペーパー・タイガー・テレビジョン」は、性的少数者ＬＧＢＴの医療問題や、米軍批判のような硬派のネタも、愉快なパロディにして見せる。ものごとを逆さまにひっくり返すコメディ『ダニー・ダロウ・ショー』など有名なショー番組、ヒップポップ、アート、ドキュメンタリー、インタビューから世界各地の自慢料理まで、ＭＮＮは何でもありだ。信教の自由は国是なので、各種の宗教番組も少なくない。作品が衛星で全米中継されることもある。市民たちはＭＮＮの四つの市民チャンネル（ＰＡＣ）を使っているが、希望者が多すぎて放送は三カ月待ちの状態だ。

多くの言語・文化からなるニューヨークでは、複雑な文化的背景からアイデンティティの問題を抱え、貧困や暴力、麻薬などに苦しむ子どもたちも少なくない。NPOによる青少年向けのさまざまなプログラムも多く、映像やメディア技術を駆使してコミュニケーションや成長を支える。ジョン・アルパート&津野敬子夫妻のメディア制作／教育センター「ダウンタウン・コミュニティテレビ（DCTV）」の青少年向け「PROTV」、MNNの「Youth Channel」、数十の公立学校の生徒や先生をトレーニングする「教育ビデオセンター（EVC）」などのワークショップが、映像づくりや情報発信の技術を訓練し、対話を重ねながら若者たちの自立を支援している。*4

市民テレビは千数百局も

アメリカではほぼすべての家庭が、ケーブルテレビで映像やネットの情報を手にしているが、ケーブル事業者はその地域（コミュニティ）住民の求めがあれば、市民用（public）、教育用（educational）、自治体用（governmental）の三種類のテレビチャンネル（コミュニティ・アクセス・チャンネル：PEG）を保障するよう、連邦通信法は定めている。ケーブルテレビは、ガスや水道と同じく地域で独占的に営業する権利（フランチャイズ）によって成り立つ事業だ。公道や電柱など地域の公共資源を利用して営業する見返りとして、事業者は自治体にPEGを提供するとともに、フランチャイズ料を納める（営業利益の最大五％まで）。一般的にはこの料金によってアクセス・センター（市民テレビ局）が設置され、カメラや照明機材、スタジオ、編集機、場合によっては中継車なども、トレーニングを受けた住民に無料で貸し出される。

地域によってPEGすべてのチャンネルを持つコミュニティもあれば、どれか一つか二つの場合もある。誰でも地域のPACを使って、自分の作品を無料で放送できる。編集権は市民にあるので、テレビ局側の監督や検閲を受けずに自由に表現できる。日頃から発言・発信の機会が少ないマイノリティや、コミュニティの人々にとっては重要なメディアだ。こうしたPEGチャンネルは、全米で三千以上あり、およそ半数がPACだといわれている。ニューヨークでは、五つの区がそれぞれ四つのPACをもっている。全米にあるこうした市民テレビ局では、一週間に一万五千時間以上の番組が放送されているといわれ、メジャーのテレビネットワーク全体の放送時間より多い。ケーブルテレビを使うもの、インターネットを使うもの、紙を使うものなど、トレーニングするメディアはさまざまだ。

番組を放送したい人は、アクセスセンターでのワークショップに参加し、ライセンスを得なくてはならない。ワークショップではカメラの使い方や撮影方法、スタジオや編集機の使い方、著作権など法律問題やパブリック・アクセスの歴史などが、短期間で要領よく教えられる。近年はパソコンやネットの技術も教えている。

持ち込んだ番組の放送は「先着順」と決められており、商業広告、賭博、わいせつな内容は禁止されている。青少年の保護や著作権やプライバシーの尊重などの責任も伴う。時には下品な番組や、ネオナチの会員募集が、問題になったりする。かつては過激な白人主義団体「クー・クルックス・クラン」の制作した番組が論議を呼んで、そのPACが閉鎖されたこともある。しかし裁判では、あらゆる人々の言論・表現の自由を保障するという憲法の精神から、「ＰＡＣの閉鎖は違法である」とされた。各地のアクセスセンターは「憎悪のスピーチに対しては、より多くのスピーチで対抗する」という原則で、こうしたパブリック・アクセスの悪用に対処している。

ちなみに教育チャンネルは、主に地域の短大・大学で制作されることが多い。青少年の麻薬や暴力のことなどさまざまなテーマを扱ったり、地域に向けた生涯教育のツールとしても活用されている。自治体チャンネルでは、政治家のインタビュー、地方議会や公聴会中継、地方競馬の中継なども行われていて結構人気がある。

テレビを取り戻した公民権運動

一九四七年、アメリカの「プレスの自由委員会」は、マスメディアの低俗な娯楽番組や行き過ぎたスキャンダル記事に対し、「このままプレス（マスメディア）が堕落すれば、国家の統制を招く。マスメディアは社会的責任を自覚し、報道による被害を受けた人々の反論権を認めるべきだ」と警告した。さらに放送の監理にあたる連邦通信委員会（ＦＣＣ）は、一九四九年、「公共の利益のために放送免許保有者は放送施設を開放し、フェアネス（公正）に基づいて業務を行う」よう声明（フェアネス・ドクトリン）を出した。

六〇年代から七〇年代へかけて、このフェアネス・ドクトリンを武器に、メディアでの公民権運動が劇的に発展していった。代表的な例は、「ＷＬＢＴ事件」である。ミシシッピー州ジャクソンの放送局

ＷＬＢＴで放送されていたアフリカ系アメリカ人（黒人）に対する「ヘイト・ショー」と呼ばれるひどい差別の番組に対し、放送免許を取り消すよう訴えた住民側の勝利（一九六九年）によって、「住民団体が放送認可の当事者」と認められたことは、画期的なことだった。この判決に刺激されて、アフリカン、ヒスパニック、女性などの各種マイノリティから数十件もの放送免許への異議申し立てがあったという。[*5]

さらに「メディアへのアクセス権」を現実にしたのは、同じ年の「レッド・ライオン事件」判決だ。ペンシルバニア州レッド・ライオン・ラジオ局で右翼的な宗教団体が、作家フレッド・クックの著作物は共産主義的だと非難。クックは反論放送を求め、連邦最高裁まで闘って勝利した。ホワイト裁判官は、「アメリカの修正憲法第一条が最も大切に保護しているのは視聴者の権利であって、放送事業者の権利ではない」と述べて、市民のアクセス権を認めた。これらの判決は、その後のアクセス権運動への大きな手がかりとなり、さまざまな市民団体や野党が、大企業の一方的な商品広告や、ニクソン政権のカンボジア侵攻を批判する「意見広告放送」や「論説広告放送」の時間を買う自由につながったという。[*5]

その後、アメリカで始まった公共放送での市民アクセス番組『キャッチ44』などの各種の実験や、カナダで行われた住民参加型テレビによる社会実験の積み重ね、またマクルーハンの影響を受けたオルタナティブ・メディア運動「レインダンス」や「ビデオフリークス」など多様で急進的なビデオグループが合流した。そうしたうねりの中から、ジョージ・ストーニーがニューヨーク大学にパブリック・アクセス運動の拠点を創り、全国のケーブル制作者のネットワークセンターＮＦＬＣＰ（現：ＡＣＭ）ができていった。[*6]またこの時期は、小型ビデオ装置「ポータパック」やケーブルテレビの実用化と重なって、一般市民の映像をテレビで容易に流せるようになったことも幸運だった。

連邦通信委員会（FCC）は一九七二年、改革派ニコラス・ジョンソン委員らのリードで、ケーブルによってコミュニティにPEGチャンネルを確保する画期的な規則を作り、市民のアクセス制度の原型を築いた。[*6] その後、何回かの修正や裁判を経て、三千以上のPEGチャンネルができ、パブリック・アクセスは「商業目的のメディア市場」ではなく、「一、それぞれの表現や発信によってコミュニティを創造する、二、映像リテラシーを育む、三、公開の演説やコミュニティの多様性を理解できる、四、互いに影響しあい協力できる場所を作る、五、社会変革を進めるためのシステムである」[*7]との共通認識が浸透していった。情報やメディアの自由は闘いとるものだという市民の常識は、メディアを操作したがる政府とメディアに依存したがる国民をもつ日本とは、対照的だ。

ヨーロッパへの広がり

多様な言語・文化・宗教が共存するヨーロッパでは、長い間〈公共性〉こそが社会の基礎的・伝統的な概念であるとされ、カフェ、パブ、公園やホール、劇場や学校など、さまざまな公共圏・公共空間が共有されてきた。中でも放送は典型的な公共圏だった。ヨーロッパでは、どの国でも八〇年代半ばまで商業放送を許さず、公共放送が「社会の鏡」として大きな宗教団体や労働団体、利益団体などの意見を反映させようとしてきた。しかし古い文化装置になってしまった公共放送で発言できるのは、宗教別・社会階層別のエリートだけで、七〇年代には若い人たちや移民、女性、マイノリティは、各地で警察に追われながら無許可の「海賊放送」でメッセージを発し、音楽を楽しんでいた。

アメリカでのパブリック・アクセスの制度化は、八〇年代前半、直ちにヨーロッパに波及した。ケーブルや衛星放送などの実用化・多チャンネル化が広がり、EUへの統合を進める中で、どの国でも、民間放送（商業放送）を許可する一方、海賊放送も民間放送の一分野と位置付け、「市民放送（オープンチャンネル）」として免許を与えていった。国によって違いはあるが、総じて西ヨーロッパ各国はこれまでの官製の公共放送を再編し、主としてケーブルテレビやラジオを使った多様な市民放送局を用意したといえる。ただし旧社会主義圏だった東欧の人たちは、日本と同様、権利意識が弱く、市民メディアが盛んだとは言えない。

九四年のEU閣僚会議では「公明正大で多元性のある公共放送」の決議をする。自己決定のための公正な情報の提供、公共の議論の場の提供、公平なニュース、多様性の確保、少数民族の利益と全体のバランス、思想・宗教の反映、文化的遺産の普及、独立系プロデューサーによるオリジナルな番組制作、商業放送から排除された文化の提供、の九項目である。さらに二〇〇八年にはEU議会が「コミュニティ・メディアやオルタナティブ・メディアに対する積極的な支援」決議を採択した。異文化間の対話の促進、社会的弱者へのデジタルやウェブ技術、編集のトレーニングによるメディア参加、コミュニティ・メディアによる地域の創造性の促進、市民のメディア・リテラシーの向上などを狙ったものだ。ヨーロッパの市民放送は、各国それぞれの際立った特徴をもっているが、マイノリティの運動から始まったという点ではアメリカと共通する。他方で、ヨーロッパ共同体全体としての健全な公共圏の育成や、多様な文化の保障、マイノリティや歴史遺産の保護という点では、市場競争を優先するアメリカとはかなり違っている。

しかしながら、西ヨーロッパの自由主義の伝統や、文化的な多様性・多元性の追求は、今、グローバリズムや内なる排外主義、キリスト教的倫理の変質や宗教対立を背景にした深刻な危機に立っている。

アジア、オセアニアでも

韓国、台湾では、二一世紀になって放送や情報制度への市民・住民の参加が制度化されてきた。韓国では民主化と並行して、新聞批判運動や公共放送KBSに対する視聴者参加運動が繰り広げられた。金大中政権になって新放送法が制定され、二〇〇一年から市民が制作した番組の放送が義務づけられた。公共放送・KBSでは『開かれたチャンネル』という三〇分の市民制作番組（パブリック・アクセス）がはじまり、衛星放送でもアクセス専門の「市民放送（RTV）」が設けられた。*8

台湾では国民党の独裁が崩れ、長年政府・軍・国民党に独占されてきた放送・新聞が、多様な市民運動により民主化されていった。一九九八年には公共放送「公共電視台」（PTV）が作られ、二〇〇三年には少数言語・客家語による「客家電視台」が、さらに〇五年には、先住民の文化・情報を保障するテレビ局「原住民族電視台」が開かれてきた。実にダイナミックな変革だ。また台湾のほとんどのテレビ局には、視聴者が直接スタジオに電話をして発言できる「コールイン」が根付いていて、言論制度の基盤になっている。*9

多様性をさらに制度化しているのはカナダだ。多くの国の市民参加は、マイナーな電波であるコミュニティ放送やケーブルテレビで限定的に行われている。しかしカナダの基本的な考え方は、地上波／ケーブル、ラジオ／テレビ、全国放送／地域放送、公共放送／商業放送、といった媒体の枠組み、市場の枠組みを越えて、電波資源全体を総合的に再編する形である。カナダでは多文化主義法を基本に、「公共放送」「民間放送」「コミュニティ放送」という三つの免許が設けられ、どの範疇でも、先住民と少数言語、少数文化のための放送を義務付けている。人口がまばらな極北では、地上波ラジオ局の免許のほとんどはイヌイット・コミュニティに割り当てられている。また都市圏の一般市民は、ケーブルのコミュニティチャンネルで番組に参加している。バンクーバーやトロントには、日本人コミュニティ向けの日本語番組もある。カナダ国民自身の多様な文化を保障し、グローバル化に歯止めをかけようとするものだ。[*10]

二〇一五年八月、西アフリカ・ガーナで、AMARC（世界コミュニティラジオ放送連盟）が主催して約五〇カ国から二六〇人のコミュニティラジオのワーカーらが集まる世界会議が開催された。AMARCは世界中の小さなラジオのネットワークNGOで、災害時には助け合い、国際的にコミュニティラジオが認知されるよう活動している。四年に一度世界大会を開いていて、今回は第十一回目。日本からはAMARC日本協議会の橋爪明日香さんが参加した。橋爪さんは「今回は、貧困、災害、ジェンダー、紛争、伝染病、食料問題などさまざまなコミュニティラジオに関わるテーマが話し合われました。ラジオドラマ制作や、若年リポーター養成などの実践的なワークショップ、全国で一九局しかないガーナのコミュニティラジオ訪問ツアーなど、国境を超えた交流がありました」と、ＡＭＡＲＣ ＪＡＰＡＮのホームページにレポートしている。ＡＭＡＲＣのイスラム世界への対応が注目される。

巨大メディア資本と闘うメディア・リフォーム運動

ところで今世紀に入りデジタル化が急速に進展してきて、放送、ケーブルテレビ、電話、インターネットなどさまざまな電子メディア産業は激しい競争に突入、買収・合併を繰り返している。もともとケーブルテレビは、アメリカでも難視聴対策のために地域の電器商などから出発したものだったが、次第にコムキャストやタイムワーナー、ＡＴ＆Ｔ、ベライゾンなど巨大なケーブル会社、電話・通信企業に統合されてきた。彼らは「パブリック・アクセスは余分な出費」という意識が強く、多くのコミュニティの市民・住民相手に面倒な交渉をするより、州政府との一括交渉を求め始めた。さらに通信企業は、ネットでの映像配信には地域免許は不要であり、パブリック・アクセスの義務はないと主張する。それに応じて、独自の立法で巨大ケーブル・通信会社を優遇する州が少しずつ多くなり、パブリック・アクセスが骨抜きになる事態が進行している。こうしたパブリック・アクセスの危機に対して、各地で抗議や新たな法整備を求める運動も起き、市民メディア制度は一進一退を繰り返している。[*11]

既存の公共メディアやコミュニティ・メディアが危機に立つ一方、戦略を明確にして強いメッセージを発する市民メディアは、活力にあふれている。前述の『デモクラシー・ナウ』『ペーパー・タイガーテレビ』『ＤＣＴＶ』などのほか、パシフィカ財団系の全米のラジオ局も、性、言語、文化の違いを越えて、少数者、先住民、政治犯などの声を精力的に伝えている。またネットを活用して、女性・子どもへの暴力防止、第三世界の人権擁護、環境保護、コミュニティのエンパワーなどを訴え、そうした問題を起こす大企業・多国籍企業・マスメディアを批判する『インターニュース』『ビデオボランティア』『リンクテレビ』など「闘うメディア」も多い。彼らのメッセージや主張、告発・抗議活動はアグレッシブでもあり、極めて明快でアメリカ的だ。

一方、こうした個別のメディア改革運動にあきたらず、また巨大通信企業を規制しようとしないオバマ政権の曖昧な態度に業を煮やして、大資本中心のメディア支配構造そのものを根本から組み替えていこうとする人たちによる「メディア・リフォーム」と呼ばれるラジカルな動きも、近年盛んになってきている。「パブリック・ナレッジ」「メディアアクセス・プロジェクト」「メディア・デモクラシー」「メディア・ジャスティス」などさまざまな活動団体が、政策提言や街頭行動を展開しているが、ワシントンD.C.に本部を置く「フリープレス（Free Press）」は、その中でもリーダー的な団体である。*12

「よりよいメディアを得ようとすれば、よりよい政策とその運動が必要である」との理念で、二〇〇二年に創られたFree Pressは、メディアや通信のプロ四〇人の常勤スタッフと五〇万人ともいわれる会員を擁し、多様で独立したメディア所有制度（オーナーシップ）、強力な公共メディアの創設、上質のジャーナリズム育成、誰もがアクセスできるコミュニケーション制度をめざして、多岐にわたる政治的運動を展開している。例えば通信会社に対する規制緩和・優遇策を阻止し、インターネットを市民のものにする「ネットニュートラリティ」（ネットの中立化促進の政策）の実現を掲げる。巨大メディアの合併やヤミ取引に抗議して、反対署名を集め、全米でデモを組織し政府や議会に訴える。また強力な商業主義のネットワークに対抗して、地方の弱小教育放送局の集まりである公共放送ＰＢＳを根本的に強化し、ＮＨＫやヨーロッパの公共放送局のような全国規模の公共放送を作ろうと運動している。

アメリカは、言論・表現の自由や公正な社会を理念とする一方で、自由競争と市場原理を掲げるという根本的な矛盾を内在させてきた。情報・通信資本とコミュニティの人たちとの衝突、矛盾の噴出の中で、多様な主張や運動が渦巻いている。しかしケーブルテレビであれウェブであれ、低出力ラジオやタウンミーティングを含めて、多くの人たちは、「メディアはより良いコミュニティを創りだすためにある。コミュニティからメディアを改革していく」という大きな点では一致している。「言論・表現の自由」は、彼らにとっては、教科書の中にある死語ではない。生きる権利を実現する上での、リアルで切迫した原理なのだ。

注

＊１　ユルゲン・ハーバーマスの『公共性の構造転換』が定式化したとされる。

＊２　日比野純一「多文化・多民族社会を拓くコミュニティ放送局」津田正夫・平塚千尋編『新版　パブリック・アクセスを学ぶ人のために』世界思想社、二〇〇六年。

＊３　梅田ひろ子「『目で聴くテレビ』がめざす放送バリアフリー」金山勉・津田正夫編『ネット時代のパブリック・アクセス』世界思想社、二〇一一年。

＊４　金山・津田前掲書に、それぞれの詳しいレポートがある。

＊5　大谷堅志郎「パブリック・アクセス番組の周辺と背景」（『NHK放送文化調査研究年報』一九号、一九七四年）、中村皓一「放送をめぐる市民運動――アメリカにおける史的展開」（同上『年報』一七号、一九七二年）など。

＊6　魚住真司「米国のパブリックアクセスの伝統とその現在」（津田・魚住『メディア・ルネサンス』風媒社、二〇〇八年）／ラルフ・エンゲルマン、小寺裕思・中島ゆかり・津田正夫訳「パブリック・アクセス――ジョージ・ストーニーの見解」『アメリカの公共放送――政治史第11章』（『産業社会学論集』第四五巻三号、二〇〇九年）に詳しい。

＊7　ローラ・R・リンダー、松野良一訳『パブリック・アクセス・テレビ　米国の電子演説台』（中央大学出版部、一九九九年）に詳しい。

＊8　玄 武岩「パブリック・アクセスの台頭と挫折～韓国」金山・津田前掲書。

＊9　林 怡蓉「多文化実践とメディアアクセス～台湾」金山・津田前掲書。

＊10　長山智香子「多文化主義放送と民族マイノリティ～カナダ」金山・津田前掲書。

＊11　津田正夫「曲がり角に立つアメリカのコミュニティ・メディア」（『立命館産業社会論集』四七号、二〇一一年）に詳しく報告。

＊12　津田正夫ほか『アメリカの市民メディア二〇一〇調査報告書』（二〇一一年）に詳述。

第10章　市民テレビ局は町をおこせるか
――「地域密着」のリアリティ

1963年　岐阜県郡上郡八幡町で初のCATV自主放送開始。
1966年　下田ケーブルテレビ自主制作開始。以後70年代にかけて各地にCATV開局。
1973年　有線テレビ放送法施行、各地でケーブルテレビ局認可。
1975年　NHK、アクセス番組『あなたのスタジオ』放送。
1980年頃〜　各地でミニFMを使った「自由ラジオ」運動。
1987年　各地で多チャンネル型CATV開設ラッシュ（第3世代）。
1992年　コミュニティFM制度化、「FMいるか」（函館）放送開始。「中海テレビ放送」（米子市）で『パブリック・アクセス・チャンネル』開始。
1995年　阪神・淡路大震災。「FMもりぐち」で震災放送。外国人対象の「FMユーメン」「FMヨボセヨ」無許可で放送。1年後「FMわぃわぃ」へ発展。
2003年　日本初のNPOコミュニティFM放送局「京都コミュニティ放送」放送開始。
2004年　名古屋市で第1回市民メディア全国交流集会開催。西三河のNPO市民テレビ局「Daichi」誕生。
2011年　東日本大震災の被災各地に臨時災害コミュニティFM開設。
2016年　熊本地震で「ましきさいがいエフエム（益城町）」「みふねさいがいエフエム（御船町）」など臨時災害放送局開設。

ほとんどの国で、ラジオ・テレビなどの電波は市民・住民・NPOの権利として、それぞれのコミュニティで活用されている。コミュニティとは、日本では「地域的・生活圏的なコミュニティ」を連想するが、諸外国では、同じ言語・文化・性的な嗜好など「文化的なコミュニティ」を指すことが多い。この章では「地域的なコミュニティ」で、市民・住民がケーブルテレビを活用してまちづくりを進めている愛知県西三河の例を紹介し、全国的な傾向や特徴を見てみる。次章では聴覚障害者という「文化的なコミュニティ」に向けて映像を活用する「目で聴くテレビ」と「さがの映像祭」の例を紹介する。

さまざまな異なる民族（言語・文化）が頻繁に移動し、交じり合って多文化を形成してきたヨーロッパやアメリカでは、敵意があるか／ないか、宗教は何であるか、何を求めているか、たえず表現・発信していないと居場所や仕事を確保し、平和を保つことは難しい。またそのような制度が整えられてきたことは、前章に述べた通りだ。日本からの移民が多いカナダ・バンクーバーやトロントのテレビ局にも、アメリカ・サンフランシスコにも、日本人・日系人コミュニティ向けのテレビ番組があり、日本語の新聞・雑誌が長らく発刊されてきた。

日本の国内でも、実にさまざまな努力や試行錯誤があり、[*1]今も各地の市民・住民・NPO・ジャーナリストたちによる「市民メディア」が、リアルタイムで苦闘中だ。ここでは「市民メディア」という言葉を、一般的にメディアの職業人ではない人たちによって作られているメディア、原則的に誰でも参加できるメディアとしておくが、世界では「コミュニティメディア」とか「オルタナティブメディア」と呼ばれている。日本の市民メディアを、地域やテーマが限定的な「コミュニティ型」のメディアと、地域を限定しない「報道・ジャーナリズム型」のメディアに大雑把に分けてみる。媒体はさまざまだが、「コミュニティ型」では各地のケーブルテレビ、コミュニティFM放送、地域誌などを使ったものが分かりやすい。地域を限定しない「ジャーナリズム型」は、今はインターネットを使ったものがほとんどだ。[*2]

赤いげた

終戦も間近い一九四五（昭和二〇）年一月十三日未明、愛知県三河湾を震源とするマグニチュード六・八の大地震が、東海地方を襲った。現在の西尾市などでは震度六を観測し、東海地方で合計二二五二人の命を奪い、五千戸を全壊させたという大規模な地震だった。しかし敗色が濃い戦時下のことで空襲も続いており、国民の戦意の喪失を恐れた軍部は、情報を統制し、正確な記録は少ない。帝国議会秘密会の速記録によれば、愛知県の西三河地方での被害が大きかったという。

西尾市の吉田勉さんが制作したビデオ作品『赤いげた～少女を連れていった三河地震～』は、この〝隠された震災〟を掘り起こしたものである。この地域一帯をエリアとする「キャッチケーブルテレビ」のコミュニティ・チャンネルで制作・放送を続けてきた市民メディア、NPO「チャンネル Daichi」が主催する「碧海西尾市民映像祭・Vフェス」一〇周年（二〇一四年）に応募して、グランプリに輝いた。原作は、西尾市の故・堀尾幸平さんの手記『赤いげた』。新しいげたを履いたまま大震災で息絶えた妹の悲しい思い出など、秘密に近かった三河地震を身近なところで記録した貴重なものだ。この作品に感銘を受けた西尾市の学校図書館ボランティアのお母さんたちが、市立西部小学校の子どもたちを集めて、この手記を静かに読み聞かせる。『赤いげた』は、発災当時の生々しいシーンを中心に、緊迫した地域や家族の様子を再現していく。息を詰めて全身で聴き入る子どもたち。残された鮮やかな赤い鼻緒のげた。図書館に漲る緊張感と、抑制された音楽。そして当時の町のセピア色の写真と、現在の町の表情がインサートされる。

この作品は、読み聞かせボランティアたちの活動を中心に、「戦時下の地震の伝承」という難しいテーマを扱っている。災害の記憶を子どもたちに受け継ぎ、地域で助け合う大切さを実感させるもので、防災、平和、郷土史、教育などさまざまな側面から、この大地震を描き出すことに成功している。最終審査にノミネートされた一〇作品から、全員一致で一〇周年記念のグランプリに決まった。

映像祭を起爆剤にして

愛知県のケーブルテレビ「キャッチネットワーク」（本社・愛知県刈谷市）のエリアである西三河の六市には、八ミリ映画全盛時代から、いくつかの映像制作グループがあった。キャッチは一九九二年に開局して以来、市民の番組参加を少しずつ進めていたが、当初は「定時の番組へ、遅れずに納入しなければならない」という市民側の負担感が、市民と担当社員双方の悩みだったという。市民グループのコアメンバーで議論を重ねた結果、義務感をなくし、「映像作りを楽しみ、発表できる」という一石二鳥を狙って、アマチュア作品によるビデオコンテスト「Vフェス市民映像祭」を開くことになった。その運営母体として「チャンネルDaichi」（碧海・西尾幡豆市民放送局）というNPOが生まれたのは、一二年前の二〇〇四年秋。設立趣意書は「碧海・西尾幡豆市民放送局は、碧海・西尾幡豆で生活する私たちが創り、そして育てる、私たちの放送局です。私たちはさまざまな伝統や文化の紹介、生き方・考え方を共に伝え合うことで、明るく、楽しく、生き生きとしたまちづくりに貢献する市民による市民のための市民放送局として設立します」と宣言する。そのため、（1）まちづくりの推進を図る、（2）社会教育の推進を図る、（3）子どもの健全育成を図る、（4）情報化社会の発展を図るの四本の活動の柱を立てている。

当時、キャッチの新社屋移転で空いた旧社屋の一部や機材を貸与されるなど、キャッチの全面的な支援のもとに、Daichiの活動はだんだん軌道に乗っていき、その年末には「第一回碧海・西尾幡豆市民映像祭（Vフェス）」を開くことに成功した。名古屋を中心に映像制作やパブリック・アクセスの実践講座などをやってきたことから、西三河の人たちと交流があったぼくも、審査の一員に加えてもらった。そして明治用水によって拓かれた美しいが田園風景が広がる農村地域で、八一本もの市民制作の作品が集まったということに、まず圧倒された。応募作品の幅の広さ、あふれるエネルギーには驚かされっぱなしだった。

第一回のグランプリを獲得した『アフガニスタンに病院用ベッドを贈ろう』は、〝日本のデンマーク〟で知られる安城市の市民たちが、安城市民病院で不用になった多くのベッドを、戦争被害が激しいアフガニスタンの人たちに贈る活動を記録したものだ。航空会社の支援も受けながら、市民たち自身の力で、まだ戦車もウロウロしている空爆跡の病院へベッドを運ぶ安城の人たちの、とても勇気のある映像記録は、大きなテレビ局のドキュメンタリーにも劣らぬ迫力とスケールだった。ローカルでグローバルな活動をする、「グローカルな視点」とは、こういうことを指すのだと、納得した。

「番場の忠太郎」を特別賞に

初回のVフェスでの、忘れられない出来事がある。出品作の一つ『お母ちゃんの学芸会』は、原作・長谷川伸の人気芝居『瞼の母 番場の忠太郎』を、地域の主婦たちが演じたままを映像にしたものだ。五歳の時に生き別れになった「瞼の母」を訪ねるヤクザの忠太郎が、ついに江戸の料亭の女将になっている母と再会する。しかし金をせびりに来たと誤解した母は、「自分の息子はとっくに死んだ」と突き返し、忠太郎は貯めてきた一〇〇両を差し出して去り、母は泣き崩れるという、定番の人情物だ。その作品はいかにも泥臭く、芝居もうまいとは言えず、ぼくたち審査員は端から入賞圏外だと考えた。しかし、この制作グループの主婦たちをよく知っている会場いっぱいの市民たちから、審査結果に強い異議が出された。実は、制作した女性グループはまちづくりの中心的な担い手たちで、『瞼の母』制作活動もその活動の象徴だというのだ。映像祭の舞台裏では大論争となり、急きょ「市民賞」を追加して切り抜けた。しかし、ぼくは大きなショックを受けた。

審査にあたって、ぼくが基準と考えていた作品の「メッセージ性・独創性・完成度」という三つの観点からの評価方法では納得されず、市民・住民の映像祭とは何か、深く再考することを迫られた。市民・住民が主体である映像祭の作品の評価とは、テレビ業界の常識である（広い意味での）「技術点」とは違うのだ。それぞれの作品に込められた、地域の緊密な人間関係や相互の助け合い、祭りや習俗・伝統行事に積み重なってきた共同の歴史や思いなど、さまざまな意味をできるだけ読み込んで「批評」しなくてはならないのだった。またDaichiの活動の基盤である六つの地域が、映像祭やまちづくりの役割を分担をしていて、それぞれの努力や貢献を互いに思いやっていることが、だんだんと分かってきた。そんな評価は、NHK・OBなんぞの〝よそ者〟には到底できない相談だったが、それをやれと言われるのだ。ぼくも大いに議論を吹っ掛けた。なぜ、作品を作るのか。なぜ、発表してみんなに見せたいのか。なぜ「映像祭」なのか。「賞」を決めなくてはならないのか。久しく忘れていた喧々囂々《けんけんごうごう》の〝青臭い〟議論が、刺激的だった。小さなビデオをめぐって、夜中まで町中で議論しているところなんてあるだろうか。酔いも回っての丁々発止が、何とも楽しいのだ。

他にも、小学校・中学校からの応募作にも、青年たちの作品やドラマなどでも、テレビ業界の発想を超える奔放なエネルギーがあふれていて、長らくテレビ局で報道番組を作ってきたぼくは、市民参加の奥の深さやダイナミズムにハマッてしまった。

「市民との協働」がケーブル経営の要

こうした実績を積み重ね、翌二〇〇五年、キャッチケーブルの五つのコミチャン（コミュニティ・チャンネル）の一つが「市民チャンネルDaichi」（CSデジタル）として誕生した。こう書いてしまえば簡単なようだが、もとよりキャッチ社内で、市民が作る映像に一つのチャンネルを与えることに、いろいろな意見も出たことだろう。各地のケーブルの例を見ても、未だに「市民参加は手間や費用がかかる」「指導する人件費をひねり出すのは大変」「番組の質にリスクが大きい」などの意見も多い。ほとんどのケーブル局は「地域密着」を合言葉にしていても、市民の番組参加は、コミュニティFMやネットでの発信に比べると、ハードルは高い。キャッチはどう乗り越えてきたのか。強いリーダーシップで市民参加を実現させてきた前社長・川瀬隆介さんは、「ケーブル事業の目的は営業利益ではない。何より大切なのは地域が活性化する情報基盤を創り、安全・安心で元気な町にすること」という理念を、社内に徹底してきた。そのことが、結果として契約や営業の向上につながることを自ら実証し、確信してきたと言う。川瀬さんは日本のケーブル事業界をリードしてきた一人として、地域と連携した放送に対する取り組みが評価され、二〇一六年三月、通信文化協会の「前島密賞」[*3]を受賞した。しかし、まだまだこのような複眼の経営者は多くはない。

経営の問題だけではなく、市民の制作力を高め、作り手を継続的に育成していくために、キャッチはDaichiと協力しながら、さまざまな工夫を凝らしてきた。エリアの各地域でビデオ講座を開いたり、地域内の学校への出前授業を繰り返し行ってきた。プロデューサーとして「チャンネルDaichi」を育ててきたキャッチの倉地陽一コンテンツ制作本部長は、「ビデオ講座を通じていくつかの映像愛好家グループと、映像とは関係ない地域の多くの市民活動グループが結びついていったことが、うまくいった要因です。Daichiの誕生後は、キャッチは一切口を出さないようにしてきました」と振り返る。今では制作会員は八〇人余り。年配者も多いが、映像祭への出品の常連となっている中学校や、こども塾、女性サークルなど層が厚い。作品のテーマも、まちづくり、環境や伝統文化の保護、防災、平和教育など多くのテーマを重ねながら追求しているものが多く、映像愛好グループにありがちな、単なる花鳥風月描写に終わるものはほとんどない。

地域と世代をつないでいく

コミュニティが急速に崩壊していく難しい時代に、西三河では六市の信頼関係が強く、深い。大自動車産業トヨタを共通の背景に持つとはいえ、各地域それぞれの歴史、伝統文化、産業、まちづくりなどに対するそれぞれ違った思いを、Ｖフェスは巧みに吸収してきた。今やＶフェスそのものが、西三河の共通の文化祭／文化財になってきたと言ってもいいかもしれない。中核の一人として発足時からDaichiをリードしてきた鈴木昭夫・前理事長は、永年、地域の視聴覚教育、映像教育の先頭に立ってきた。そのノウハウやネットワークが「地域映像共同体」とでも言うべきDaichiの強力な根っこの一つになっているし、鈴木さん自身、地域的バランスを取ること、作品の質を上げること、技術進歩を学ぶことなどに気を遣ってきたという。

また、各地のこうした活動は、ともすれば男性高齢者に占められがちだが、Daichiを担う世代は幅が広いことも特筆すべきだろう。Ｖフェスの常連である西尾市立一色中学校の生徒たちは、これまでの映像祭で『佐久島横断日記』『干潟の調査とクリーン活動』でグランプリを、『平成の町村合併の検証、三・一一後の町の安全調査』で準グランプリを獲得してきた。後者は、東南海地震が心配される三河湾沿岸で、広域合併の結果「きめ細かな安全対策」が劣化していないかどうかを鋭く検証する、ジャーナリスティックな作品だ。Ｖフェスでは、小中学生の応募は当たり前だ。キャッチ社員や元教員仲間が、手分けして小中学校でビデオ講座をやってきた戦略もあったし、子どもたちを相手にしているＮＰＯや地域の塾の指導も優れているようだ。また Daichi がまちづくりを担うさまざまな女性グループとネットワークを作っていることが、世代や地域、性を超えた連帯感につながっているのだと考えられる。

ケーブル局と市民メディアの相乗効果

全国共通に言えることではあるが、映像制作の技術的な向上もめざましい。ぼくは審査員として、作品の着想の独創性や面白さ、メッセージの豊かさなどを優先的に評価し、技術点は必ずしも優先してはこなかったが、それでも近年の総合的な技術力、レベルの高さは大きな成果だろう。グランプリの一つ『ふれあいたんぼアート〜日本のデンマーク安城から〜』は、地域ぐるみでの稲作りを通年で撮影した作品で、一年を通しての田んぼの季節の表情、人々の交流や子どもたちの成長を、カメラは極めて丁寧に描き、音響処理や編集もプロ並みだ。本審査にノミネートされる作品群は、趣味のレベルを超えるものも少なくない。

Daichi はこうした多様な経験を積み重ねてきた一方、若手頭の加藤行延・現理事長は、若い人たちの映像作りへの意欲を巧みに組織し、市民制作による映画『きらら』『いつか見た夏の日』制作などにも取り組んできた。エリア六市を舞台にした『いつか見た夏の日』制作に、キャッチは二〇周年記念（二〇一二年）の企画として一五〇万円を援助した。一〇〇人余りの市民ボランティアの協力で、〝まちづくり・ふるさと映画〟とでもいうべき『いつか…』は、六市での自主上映だけでなく、劇場上映も成功させたのだった。加藤さんは、「西三河ではテレビは見るものでなく、創るもの、出るものへと考え方が変わってきた」と言いつつも、「敷居は下がったが、質は下げたくない」とこだわっている。

また一四年には、「メディフェス」*4を刈谷に誘致・開催して、全国の仲間と交流する機会を作り、地域の活性化を促している。今後はネット時代を見据えて、「地域のために必要とされる市民放送局」「市民による映画制作」「ネットも視野に入れた世界への発信」「住民ディレクターの養成」の四つの市民力を活動の軸と考えているという。一六年春からは、CS（通信衛星）での放送を卒業して、より視聴者も多く地域に馴染みの深い「ケーブル12チャンネル」へ進出する。それだけに制作姿勢に対する覚悟も求められる。大胆な市民制作・参加を媒介に、地域を活性化してきた「キャッチ／Daichi」の試行は、まちづくりに悩む各地の格好のモデルの一つといえるのではないか。

「キャッチ」と「Daichi」のように一つのチャンネルを丸ごと市民・住民・NPOに開放している相互関係は決して多くはないが、有名な例では鳥取のケーブル局「中海《ちゅうかい》テレビ」は早くから、テレビによる地域の活性化を戦略的に位置づけ、五つのチャンネルをコミュニティに割り当てた。そのうちの一つ「パブリック・アクセスチャンネル」は、地元の三三団体によるパートナー「パブリック・アクセス番組運営協議会」が、自主的に制作・放送するものだ。*5ニュースも地元民放やNHKに負けない報道ぶりで、中海の保護や地場産業の振興などで、地元ジャーナリズムとして信頼を得ている。

住民自身がチャンネル運営する力まではないが、ケーブル局が市民・住民・NPOにチャンネルを開放している例では、長野県の「上田ケーブルビジョン」と市民チャンネル「UCV2」、奈良県の「近鉄ケーブルネットワーク」と「タウンチャンネル」などの例があり、一定時間を市民・住民と契約・開放している例では、「武蔵野三鷹ケーブルテレビ」と「むさしのみたか市民テレビ局」、「上越ケーブルビジョン」と「くびきのみんなのテレビ局」などの例も、関心のある人たちにはよく知られている。

住民参加の形式は多様

関係者には常識になっていることだが、日本のケーブルテレビ事業の概要や、業界に共通する近年の傾向を簡単に確認しておくと、以下のようだ。

まずケーブルテレビ普及率は一貫して増加してきて、一四年度末の加入率は五二・二％、二九〇〇万世帯に達したが、一五年度末は五一・五％に微減している。頭打ちに近いかもしれない。ケーブルテレビ会社は、当初は難視聴地域をケーブルでカバーし、地上波テレビを再送信することが目的だった。しかしチャンネルの容量が大きいので、次第に無料・有料で映画やスポーツなど地上波にない多チャンネルサービスを広げ、さらにそれぞれの自主制作番組を放送し始めた。九〇年代からはインターネットの接続サービスや、IP電話などで事業を拡大し、近年はテレビよりもさまざまなモバイルサービスの提供などへ、営業の重心を移しつつある。

テレビ事業では、地上波テレビの再送信だけでなく「自主番組」を放送する事業者は、ピーク時に七〇〇局程度あったが次第に統合・大規模化が進み、一五年末には五一五に減っている。[*6] 牛山佳菜代らの全国調査[*7]（回答数二四七、二〇〇四年）によると、社員、非正規社員、ボランティアなどの制作スタッフが多い局ほど、自主制作の番組数や放送頻度は増え、また地域住民の参加も増えるという。「住民参加」の形式としては、「地域住民がケーブル局の制作番組に出演・参加する」「レポーターとして参加する」「ビデオを投稿する」「スタッフとして参加する」「自主制作番組の企画に参加する」「自主制作番組そのものを制作する」などのカテゴリーがある。その内、住民が「出演」している局は七五％で、「ビデオ投稿」は五〇％あるが、「住民自身が制作」する局は一二％で、必ずしも多いとは言えない。キャッチ／Daichiで見たように、市民・住民自身が制作・参加するには、ケーブル局の側のそれなりのしっかりした方針やケアするスタッフが必要だ。

局の放送開始の年が古いほど「地域住民参加に取り組んでいる」という回答が多い。またケーブル局の経営形態では、株式会社より第三セクター方式の方が住民参加率が高く、都市部より農村部のケーブルの方が住民参加率が高いのも興味深い。短期的な経営の利益を優先させたり、メディアどうしの競争が激しい都市部では、市民・住民のまちづくりのツールとして映像制作を奨励していく余裕がないのだろう。

推測だが、インターネットの飛躍的な普及・利用が進んで、YouTubeやニコニコ生放送への参加が容易になった現在、映像のパッケージ番組をケーブルテレビ局へ企画・提案するとか、作品を作って持ち込む、という人たちは減っているのではないだろうか。もっと突き詰めていえば、〈テレビという表現様式やシステム、ビジネスモデル〉そのものが、時代的な限界に近付きつつあるのかもしれない。

「住民相互の結びつきを強める」市民番組

地域の市民・住民は、市民のテレビやラジオへの参加をどう感じ、評価しているのだろうか。データは少し古いが、日本で最初にNPOによるコミュニティFM放送局を始めた「京都コミュニティ放送（ラジオ・カフェ）」の可聴地域である京都市下京区の八〇〇世帯と、ラジオ・カフェで番組を制作・放送している人たちを対象にした調査（有効回答率八九％、二〇〇六年）の結果は興味深い。[*8] ラジオ・カフェでは、一週間に一〇〇本以上あるすべての番組を、市民・住民・NPOが企画・制作している。市民・住民の制作といっても、大学生たちは別として、京都市内に住んでいる人はむしろ少なく、近畿一円から参加している。「可聴地域の市民」に対する質問は、属性から始まり、認知度や聴く頻度、その目的、番組内容の評価、番組参加への希望、番組参加の権利意識などを網羅的に訊いている。「制作者」に対しては、属性の他、動機や目的、制作の内容などを訊いている。「市民制作の番組の評価」については、プラス評価とマイナス評価を五項目ずつ示して、市民と制作者の双方に訊いている。

〈プラス評価五項目〉の評価と、その結果は、一九二頁の図の通りだ。市民側の評価順に言えば、

一、「地域やコミュニティに対する住民の関心を高める」市民＝五九・〇％、制作者＝六〇・八％

二、「住民の様々な考え方がラジオ放送に反映できる」四三・八％、七二・五％

三、「ラジオ放送に多様性を持たせることができる」三二・六％、七〇・六％

四、「住民相互の結びつきを強める」二三・一％、五一・九％

五、「製作コストを効率化できる」四・二％、一三・七％

〈マイナス評価五項目〉の評価は、

一、「制作に関わる一部住民の自己満足で終わってしまう」一四・八％、三一・四％

二、「政治・営利目的で利用される危険がある」一一・六％、二・〇％

三、「一部住民に負担をかけることになる」五・六％、〇％

四、「番組の質的低下を招く恐れがある」五・一％、一三・七％

五、「ラジオ放送局に負担がかかることになる」一・六％、三・九％

という具合で、市民・制作者ともに「市民が作る番組」について、圧倒的にプラスの評価である。「制作者の自己満足で終わる」「番組の質的な低下を招く」といったマイナスの評価もなくはないが、メリット項目がデメリット項目に二～三倍ほど高くなっている。つまり、市民が制作する番組を、地域コミュニティ形成の場として、聴く市民側も概ね肯定的に捉えていることが読み取れる。

この調査は、当時のぼくのゼミの学生たちが一年がかりで行ったものだが、実は質問項目は、パブリック・アクセス研究の先輩である児島和人（当時、専修大学教授）らが、一九九六年に横浜市青葉区で行った項目をそのまま踏襲した。[*9] 地域、時代やメディアは違うが、「市民制作番組」に対して、地域の市民・住民が与える評価を比較してみようと思ったからである。細かいことを述べる余裕はないが、大雑把に言えば、このプラス・マイナス評価は、地域と時代が変わってもおおよそ同じ傾向である。

市民制作の番組だけ視聴するのにどれだけ料金を払うか、というビジネス的な観点からの調査や評

市民が作った番組が放送できるラジオ局について（市民・制作者）
※複数選択可

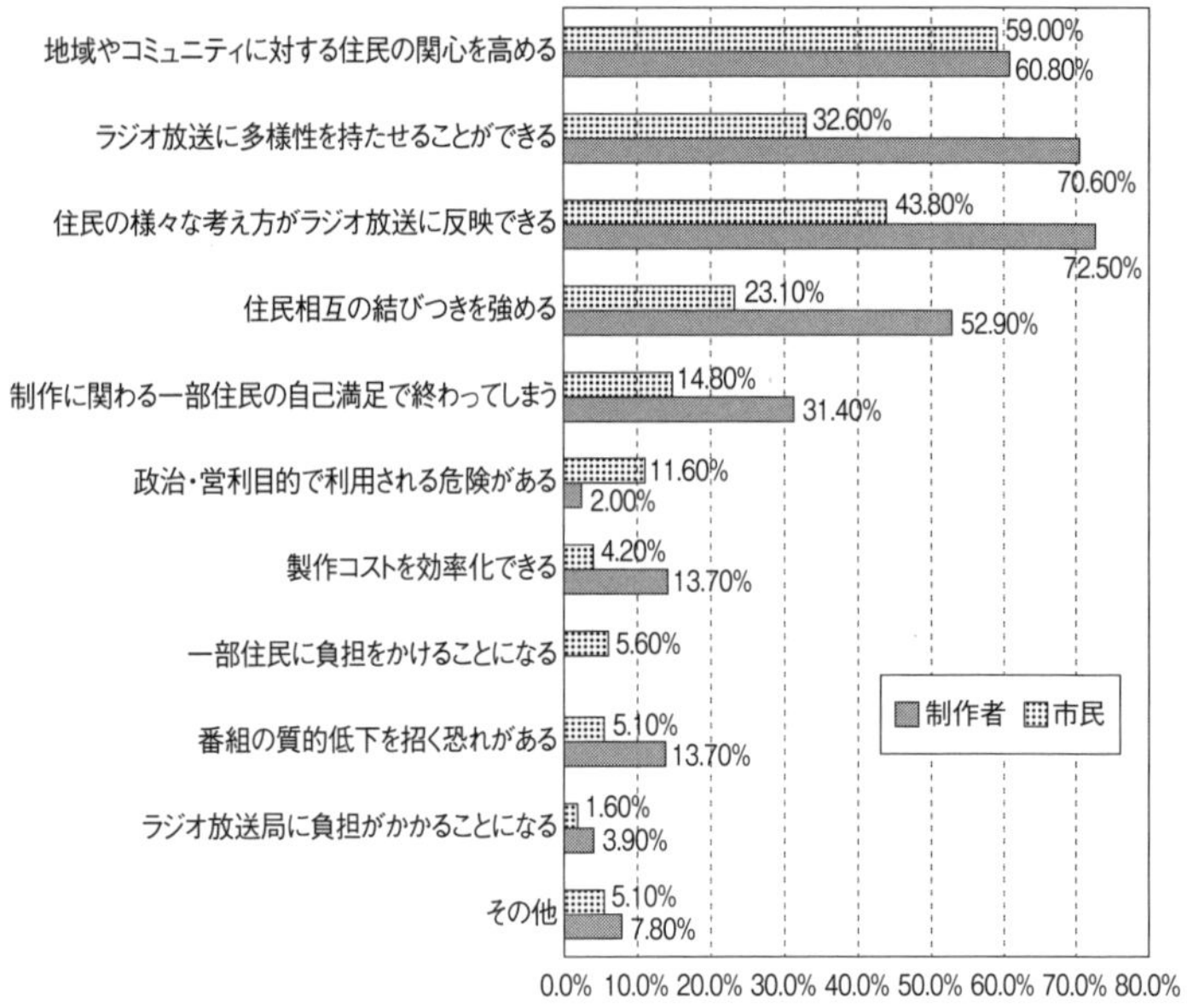

価も必要ではあるが、ここで強調したいことは、地域の〝アマチュア〟市民が作る番組を、地域の人たちが高く評価していることだ。先のDaichiのVフェス作品の評価でも同様だったが、地域メディア・市民メディアを「情報伝達の手段」と捉えて、その細かな機能の効用を数字で示す、といった行政や研究者の評価法ではなく、市民・住民たち相互の「コミュニケーションの道具や共通の場」として捉えて、それによってどれだけ互いの結びつきが強まり、共に喜びや悲しみを分かち合いたい、という住民の生活実感やニーズを捉える調査や研究が重要なのだ。林香里の「ケアのジャーナリズム」という概念がこれに近いかもしれない。*10

ちなみに（メディアを使って）「大勢の人に伝えたいことがありますか?」という質問に対して、「伝えたいことがある」と答えた人は二三%で、「ない」人は七七%だった。二三%は、多いとも、少ないとも考えることができる。伝えたいことの内容は、「地域や地球の環境について」四五%、「福祉について」三七%、「政治について」三六%で、「うれしかった出来事」一八%、「人生体験」一七%など身の回りのことをはるかに上回った。環境問題や、政治や福祉について、マスメディアの報道だけに任せておくのではなく、当然ながら市民・住民一人ひとり、それぞれ言いたいことがあるのだ。

さて、市民テレビは町をおこせるのだろうか? テレビはもともと視聴者に「受動的な態度」を求めるメディアだ。町に豊かな人間関係があって、そこに市民メディアが加われば、強力な味方になるだろうし、関係が貧しければ何の変化ももたらさないのだろう。ビジネスがアクセスしてくるメディアではなく、町を愛する人たちが作るメディアは十分「まちおこし」に役立つと言えるだろう。

注

＊1　津田は前掲書のほか、魚住真司と共同編集で『メディア・ルネサンス――市民社会とメディア再生』（風媒社、二〇〇八年）で検討しているが、松本恭幸の『コミュニティメディアの新展開――東日本大震災で果たした役割をめぐって』（学文社、二〇一六年）が、市民メディアを総合的に概観している。

＊2　白石草らの「OurPlanet TV」、岩上安身らの「ＩＷＪ（インディペンデント・ウェブ・ジャーナル）」、梓澤和幸らの「ＮＰＪ通信」らが知られている。かつて人気のあった「ＪＡＮＪＡＮ」や「オーマイニュース」（日本版）などは採算が取れず撤退した。

＊3　「前島密賞」は、明治時代に現在の郵便事業の基礎を築いた前島密の功績を記念し、通信や放送、郵便事業の発展に貢献した人物に贈られる。
＊4　ケーブルテレビ、コミュニティFM、インターネットなど各種、各地域のコミュニティメディアで発信する人たちの全国交流集会の略称。二〇〇四年に名古屋から始まった。
＊5　平塚千尋「ケーブルテレビと市民参加の地平～日本」金山・津田前掲書、二〇一一年。
＊6　総務省情報流通行政局「ケーブルテレビの現状」平成二八年二月。
＊7　牛山佳菜代・姜英美・川又実「日本の地域メディアにおける地域情報形成過程に関する考察――CATV自主制作番組制作責任者意識調査を媒介にして」『コミュニケーション科学二二』東京経済大学、二〇〇五年。
＊8　詳しくは、岩元萌・松浦希「市民の情報発信とコミュニティ放送――京都コミュニティ放送のパブリック・アクセス」（津田・魚住前掲書、二〇〇八年）。
＊9　児島和人・宮崎寿子編著『表現する市民たち――地域からの映像発信』日本放送出版協会、一九九八年。
＊10　林香里『〈オンナ・コドモ〉のジャーナリズム――ケアの倫理とともに』岩波書店、二〇一一年。

第11章　つながりたい、分かり合いたい
——越境するろう者の映像祭

1981年　国際連合国際障害者年。
1993年　交通機関などの障害者差別を撤廃する障害者基本法改正。
1995年　阪神・淡路大震災発生。7人の聴覚障害者死亡。
1996年　米・通信法改正。すべての番組に字幕付加などバリアフリー政策徹底。
1997年　放送法改正。2007年までに技術的に可能な番組に字幕付加する努力義務。
1998年　聴覚障害者向けCSテレビ予備実験放送開始。翌年から「目で聴くテレビ」放送。
2001年　NPO・CS障害者放送統一機構発足。
2004年　聴覚障害者の作品による「さがの映像祭」始まる。
2006年　国連総会で「障害者の権利条約」全会一致で採択。「手話は言語」と規定（日本は2013年批准）。
高齢者、障害者等の移動等の円滑化の促進に関する法律（バリアフリー法）施行。
2011年　東日本大震災。「目で聴くテレビ」などがいち早く現地から放送。
2016年　障害者差別解消法施行。全国のすべての自治体が「手話言語法制定の意見書」採択。

聴こえない人たち、視えない人たちは、テレビを見るだろうか？　放送を聴くだろうか？　毎日必要な情報は、どこから得ているのだろうか？「障害者差別解消法」が、やっと今年（二〇一六年）四月一日から施行された。また、この三月三日、栃木県で「手話言語法制定」の意見書が採択され、これですべての自治体で意見書が採択された。都市計画や交通機関はもちろん、あらゆる社会システムやソフトに適用されることになるはずのユニバーサルデザインとは、国籍・年齢・性別・障害の有無に関係なく、すべての人ができるだけ使いやすく、便利な仕様に近づけることだとされる。

これを一九八五年に提唱したロナルド・メイス教授（米・ノースキャロライナ大学）によれば、一．誰にでも公平に利用できること、二．使う上で自由度が高いこと、三．使い方が簡単ですぐ分かること、四．必要な情報がすぐに理解できること、五．うっかりミスや危険につながらないデザインであること、六．無理な姿勢をとることなく、少ない力でも楽に使用できること、七．アクセスしやすいスペースと大きさを確保すること、が七原則だ。社会システムを普遍性のあるものにしていくためには、社会的少数者にとって、ハードのデザインはもとよりソフト面でも、情報・メディアへのアクセス、言論・表現活動が自由になり、情報のバリアフリーが実現されなくてはならない。

しかし現実は、まだまだ社会的少数者の情報環境は貧しい。聴覚障害者が楽しめるテレビ番組、視覚障害者がアクセスできる出版物は限られている。まして災害時に緊急情報にアクセスできるか否かは、生死に直結する。阪神・淡路大震災では、避難勧告などが聴こえなかったために七人の聴覚障害者が亡くなった。東日本大震災では、内閣府の推計では、沿岸自治体の住民全体の死者はおよそ一％だが、障害者の死亡・行方不明者は二〜三％である。[*1] 阪神・淡路大震災のあと立ち上がった聴覚障害者のためのテレビ局「目で聴くテレビ」や「さがの映像祭」に伴走する中で、ぼくは聴覚障害者にとって映像とはどんな意味をもつのか、ビジネス優先のメディア政策によって障害者を締め出している〈メディアの公共性〉とは何かを、考えずにはいられなかった。

聴こえない映像作家たち

近年「聴こえない映像作家（ろうの監督）」たちの作品が注目を集めている。ろう者たちの映像作品（ろう映画、デフムービー）はもともと独特のアーティスティックな世界だったが、この一〇年、映像制作の技術の普及もあって日本のろう監督の層が厚くなり、多くの発表作品は極めて高い評価を受けるようになってきた。

デフムービー界のトップリーダー・大舘信広監督・脚本の代表作『迂路（うろ）』は、二〇〇六年の「トロント国際ろう映画フェスティバル」でグランプリに選ばれた五五分の長編ドラマだ。「サラ金地獄にハマりながらも、ギャンブルと女で浪費する辰男。幼時の記憶を失い、すさんだ辰男は追いつめられていく……。ところがある時、彼の身に何かが起こる…。〝人生は回り道だらけだ〟」というコピーで、全国で何十回となく上映されてきた。聴者（聴こえる人）を意識して、作品の特性はこう紹介される。「視覚でテンポを追い、臨場感をおびき寄せる。一体化した高揚感を持った映像が、視界を通して観客の体内に入り込んでいく。耳で音を取り入れることに慣れてきた人たちには、『ファンタスティックな体感?』と感じるかもしれない。眼の中へ取り入れたものを、全身へ送り、よじれて、ねじれて絡んだ。３Ｄ的な血潮をあふれさせるだろう……。そして、〝ひとが置き忘れていた何か〟を映像から見つけ出そう」（作品ＨＰ）。このコピーは、ぼくたち聴者に向けて、デフムービーの独特の身体的な表現、シュールな表現を受け止める身体的な感覚を示そうとしている。

また『迂路』の製作に当たった早瀬憲太郎監督は、東京・大塚ろう学校を拠点に一〇年以上、生徒たちの映像教育の先頭に立ってきた。二〇〇八年に公開した作品『ゆずり葉〜君もまた次のきみへ〜』は、雑誌『ぴあ』の映画満足度ランキングで一位になっている。運転免許取得の際や、民法上での差別的な規定の改正に取り組むろう者と手話通訳者たちの闘いを背景に、かつて恋人を失った傷を乗り越え、記録映画製作に立ち上がる男の生き方を描く。韓国を含む六〇〇カ所以上で上映されてきた。

さらに今村彩子監督は、愛知・豊橋ろう学校教員時代から作品を発表してきた。彼女が東日本大震災で聴覚障害者たちを追ったドキュメンタリー『架け橋　きこえなかった三・一一』（二〇一三年）は、ドイツ・フランクフルトでの日本映画専門映画祭〈ニッポンコネクション二〇一四〉のニッポンビジョン部門で観客賞三位を取り、同じくドキュメンタリー『珈琲とエンピツ』（二〇一一年）は、今も全国で次々と自主上映されている。映画の主人公は、静岡県湖西市にあるサーフショップの店長でろう者の太田辰郎さん。三〇年以上のキャリアをもつサーファーで、自らサーフボードを作る職人でもある。二〇〇七年、長年の夢だった自分のお店を開いた。聴こえない太田さんがお客さんをもてなすために考えたのが、自らも愛飲するハワイの珈琲。お客にまずおいしい珈琲を入れ、紙とエンピツで筆談が始まる。「今日、波乗った?」「乗ったよ。いい波だった」。ハワイアンと間違えられるほどの風貌の太田さんは、筆談だけでなく、声を出して大きな身振りと豊かな表情で人懐こく話しかける。彼のもとには、手話とは縁のないサーファーたちも気軽に集い、身振り、手振りで会話を楽しんでいく。この作品の評判はネットで全国に広がり、観客はろう者だけではない。多くの聴こえる一般市民が上映会場にやってくる。それはろう者への共感だけでなく、彼女の映像には聴者の作品とは違う魅力があるのだ。

震災が生んだ「目で聴くテレビ」と「さがの映像祭」

聴覚・言語障害者は全国でおよそ三〇数万人、加齢に伴う難聴者も入れると六〇〇万人以上と推定されている。阪神・淡路大震災では、既存のラジオ、テレビには字幕も手話も付かなかったため、聴覚障害者たちは情報から取り残され、多くの犠牲者が出た。これを教訓に全日本ろうあ連盟、全日本難聴者・中途失聴者団体連合会などの聴覚障害者団体は、統一したテレビ局を創ろうと協議を重ね、「CS障害者放送統一機構」（現・認定NPO法人）を立ち上げた。そして一九九八年、通信衛星（CS）を使った予備実験放送、翌年から手話と字幕を付けた「目で聴くテレビ」（本部・大阪）で、全国の聴覚障害者向けにニュース・番組の配信を始めた。公共放送であるNHKが、少しずつニュースに字幕を付けて放送しはじめたのは、ようやく二〇〇〇年からである。[*2]

他方、全国手話研修センター（京都市）は、各地のろう学校や聴覚障害者グループの手話教育を担いながら、「手話キャスター・ディレクター養成講座」を開いてきた。その実績と「目で聴くテレビ」で放送されてきた全国のろう者たちの映像作品を基盤として、二〇〇四年から聴覚障害者が作った作品による「さがの聴覚障害者映像祭」が始まった。その後一二年間で、この映像祭は一〇〇本以上もの作品を生み出し、多くの映像作家たちを育ててきた。多少のいきさつがあって、幸運なことにぼくはこの初回の映像祭から審査委員・実行委員として伴走させてもらってきた。

ぼくが聴覚障害者を意識したのは、まだディレクター駆け出しだった岐阜局時代に、『ろう教育三〇年』（六九年）、『手話通訳がほしい』（七三年）などの番組を作った時だった。この番組に出演した岐阜県聴覚障害者協会のGさんは、当事者であるろう者にも分かるように、番組に手話を入れてほしいと希望した。その通りぼくは手話を入れようとしたのだが、上司は「ダメだ」と言う。一つの番組でも手話を入れると、どんどんろう者の要求がエスカレートしていくかもしれないので、NHKとしては一切入れない方針だという。あきれるほど官僚的だった。ぼくはNHK会長宛てに直訴状を書いた。これが本部から現場への逆流となって、ぼくは「職場秩序を乱した」カドで厳重注意処分を受けた。番組には手話も字幕もスーパーされなかった。

その後も、岐阜の著名なろう劇団「いぶき」の狂言『六地蔵』のイタリア公演への道のりをドキュメンタリー番組にしたり、バリアフリー関連番組をいくつか作ってきたりして、「目で聴くテレビ」プロデューサーの梅田ひろ子さんと知り合った。梅田さんは、ぼくが転職した立命館大学の出身だったご縁もあって、ぼくの授業「パブリック・アクセス論」の講師もしてもらった。ゼミの学生たちも「目で聴くテレビ」を手伝ったことから、「さがの映像祭」開始のときから審査員に加えてもらえたのだった。常連の審査員はこのほか、池田和生（元KBS京都放送ディレクター）、井上泰治（『水戸黄門』などの監督）、高田英一（CS障害者放送統一機構理事長）、横地由起子（京都シネマ支配人）の諸氏だったが、一〇周年からは「聴こえない作家」である前述の大舘、早瀬、今村の三氏が加わり、一五年度からは金山智子氏（岐阜県情報科学芸術大学院大学）も加わった。

コミュニケーションへの渇望

「さがの映像祭」での作品コンクールは、全国のろう学校生徒の作品と一般ろう者の応募作から選考される。映像祭に出される作品の素材やテーマはさまざまだし、ジャンルはドラマ、CG、アニメ、ドキュメンタリーなど幅広い。画面には字幕か手話が付いていて、ろう者に分かることが応募の条件の一つだ。映像祭会場では、挨拶・討論・質疑に対する手話通訳や、スクリーンにリアルタイム字幕が付く。

参加する多くの作品に共通している通奏低音がある。言葉のギャップを越えて「伝えたい、つながりたい、分かり合いたい」という強い思いが存在することだ。また、その思いがすれ違った時の悲しみやペーソス、言葉を失った絶望感、それでもつながった時の歓びの感覚などが作品の中心にあることだ。どの作品にもコミュニケーションへの期待、渇望の感覚が深く流れている。それに加えて、表現上のテクニックが多様で楽しいのだ。聴こえない分だけ、手話はもちろん、表情や身振り、ダンス、ペイントなどあらゆる造形媒体を駆使する。色彩感覚の豊かさもこれらの作品の共通点の一つだ。コミュニケーションのためのメディア・リテラシー教育が行われているろう学校も多く、作品の多くは極めてユニークで洗練され、技術も高い。

ぼくにとって「デフムービー（ろう者の映画）」との出会いは、まさにカルチャーショックだった。この映像祭の審査を気軽に引き受けたものの、多くの作品を見ているうちに、目眩《めまい》がするような感覚に囚われていった。物語の構成や演出など、既存のテレビの常識とはまったく違っていたのだ。「エイゼンシュテインのモンタージュ論」だの何だのといった、かつて先輩たちからありがたく教えられ、お経のように信仰してきた映像文法や理論、叩き込まれた撮影や編集の文法は、次第にどうでもいいのではないか、と思うようになってきた。ものの見方、外界に向かう姿勢が、根本的に違うのだ。

例えば、ぼくが大学のゼミで指導した学生たちの作ったビデオ作品を持って、京都の聴覚障害者のビデオクラブ（デフシネクラブ）と交流会した時のこと。デフシネクラブの若者たちが、次々と指摘してきた。「手持ちカメラで撮った画面は、揺れが大きくて、怖くて頭がクラクラしてくる。三脚を立ててほしい」「二人が対話している場面で、二人の顔のアップをカットで切り替えられると、文脈が分からなくなる」「ロングショットがないと、状況が分からず不安だ」「もっと多くの色を使ってほしい」などなど。映画の常識になっている映像文法は、あくまで「聴者にとっての文法」でしかないのだった。

映像祭に毎年出品している伊藤徹也さんの作品も印象深い。第五回映像祭での優秀賞になった『足』という作品はこうだ。ある日突然、主人公の青年の上半身が消えて、狭いマンションに閉じ込められ、足だけになって生きていかねばならない話だ。演技や演出も巧みで、吹き出しそうにコミカルに描かれる。足だけでは携帯電話を操作できない。主人公はジタバタもがいたり、一時的な悪夢だと納得しようとするが、事態はいっこうに解決しない。その延々と続くコミカルなジタバタぶりに、だんだん不安になってくる。ネタバレ的に言えば、最後に街に出てみると、足だけの人たちをあちこちに発見する、というシーンで終わる。不条理で絶望的な状況をあえてユーモラスな設定で描き、カメラワークや映像の合成技術も抜群なのだが、ミステリアスで不条理な設定は、最後まで変わらない。この作品は一体、何を狙っているのか？　ストーリーや物語の枠組み、前提が不可解なので、見終わっても釈然としない。言葉や文化が違う外国映画を見ている感覚だ。もやもやしながら何日か経つうちに、ハッと、あれはコミュニケーションを失った時の喪失感、バリアの不条理そのものを表現したのだと、納得した。

聴こえない表現・聴こえる表現

「聴こえない映像作家」と「聴こえる映像作家」の作品は、一体どこが違い、聴覚障害者たちは聴者の映像作品をどう評価しているのか？　毎年の映像祭での審査・評決では、ろう者の審査員と聴者の審査員で大いにもめる。

直近の第一二回映像祭（二〇一六年一月二十三・二十四日）では、優秀賞になった『それいけくいしんぼ　兼六園・広坂界隈』（藤平淳一監督）について、侃々諤々《かんかんがくがく》の議論になった。品のある和服を着こなした主人公の女性が、金沢・兼六園の中の別荘「時雨亭」で、優雅に抹茶をいただくまでの様を記録した、落ち着いてシンプルな一〇分余りの作品。優美な伝統と現代美術が見事に調和する兼六園界隈での風物や工芸品、周囲の情景を静かに描写し、技術的（撮影、照明、音声）にも、全体の構成としても、プロフェッショナルなレベルといえるほど完成度の高い作品に仕上がっている。ぼくも含めた「聴こえる審査員」は、あまりの出来上がりに感心しつつも、これだけ巧みな技術があるならもう少し社会的なメッセージがあってもいいのではないのか、と感じた。しかし、「聴こえない審査員」三人は一致してこれを高く評価した。彼らが共通して評価したのは、「主人公の手話が非常に巧みで、自然で瑞々しいコミュニケーションが成立していること。バランスがとれた生き方をしないと、バランスのとれた作品を作ることが難しい。作者・主人公の生き方がすばらしい」、という点だった。厳しい情報環境の中にいるろう者たちが、自然な形でハンディを乗り越えていく、こうした生き方全体を映像の中に深く読み取る、というような読み方はぼくにはまだまだできていなかった。

もう一つの例でいえば、聴こえない作家である大舘・今村両監督と、聴こえる作家・濱口竜介監督による、表現方法や演出についてのトークセッションが第一〇回映像祭（一四年）で展開された。濱口監督は東日本大震災の被災地に静かに寄り添った、『なみのおと』（一一年）、『なみのこえ』（一三年）などの作品でじわじわと注目を集めてきた若手だが、この日初めてろう映画に出会ったという。彼は大賞に選ばれた筑波大学附属特別支援学校三年生が制作した『ヤドリギ』について、「ろう者の作品は、一口で言うと、驚きであり、本当に面白かった。カメラ位置、アクションつなぎ、映画的野心など細部の技術にわたって、これが高校生の作品か？　と驚いた」と言う。この発言に対し、ろう者の大舘監督は、「洋画など字幕がついた映像では、あなた方健聴者はまず字幕を見るでしょう。私たちはまず相手の眼を見るのが出発点」だと語り、今村監督は「私の場合、作品性や芸術性よりも、まず〈伝えたいという気持ち〉が何より一番大事」だと言う。伝えたいという気持ち、相手のメッセージを受けとめようとする姿勢が、デフムービーの出発点には生き生きと存在しているのだ。

映像による伝達は、単に気持ちや姿勢の問題だけではなく、一般のろう者たちの情報の認識・蓄積・交流の上でも極めて重要であると、手話臨床心理学者である神戸大学の河崎佳子は言う。彼女の長年の研究によれば、「きこえない人の記憶は映像的」であり、ほとんどの聴覚障害者の思考のあり方は「映像的に考えている」という。「ビデオを見た後に、ある場面を再生してもらう実験をしたら、きこえない人は、登場人物らのやりとりだけでなく、情景の詳細までよく覚えていました。きこえる私たちは耳に頼れる分、視る力を失ってきたのだと痛感する」という。[*3] 実は本章を書いているぼくの、このような翻訳的な書き方そのものも、「多数派である健聴者の文化」なのだと、自覚させられる。

日本人多数派にとってのテレビ

一〇周年となる第一〇回映像祭では、このほかに特別企画として、対象的な二つの作品が上映された。一つは、ろうの故・深川勝三監督（一九二四〜八五年）が、日本のろう教育のリーダーだった三浦浩の自立と成長の半生を描き未発表だった『たき火』（七一年）で、一三年ローマ国際ろう映画祭に出品された貴重な作品。もう一つはニューヨークの監督ジュディ・リエフのドキュメンタリー『デフ・ジャム〜手話のうた』だ。後者は二〇一二年「日本賞」青少年部門最優秀賞作品だ。ニューヨークのろう高校生でイスラエル移民でもあるアネタが、パレスチナ出身の健聴者タハニと出会い、デフ・ジャムと呼ばれるテンポの速いヒップホップダンスのような手話とパフォーマンスで、タッグを組んで偏見や人種差別を逞しく乗り越えていく、若々しく刺激的な作品だ。多様な文化が共存するアメリカで、障害者／健常者の壁も、楽しく越えていける文化の違いの一つにすぎないことが、高校生たちのアクティブな交流を通して描かれる。ミュージカルやスポーツ同様、身体表現である手話の、コミュニケーションに果たす力には目を見張る。いずれも日本の映像文化に新鮮な一石を投じるものだった。

聴者がろう者の作品を見るとき、「言葉や文化が違う外国映画を見ている感覚」だということは、逆に言えば、聴覚障害者たちは日頃〝外国のテレビ〟を見ているように日本のテレビを見ているのだ、という初歩的なことがおぼろに分かってきた。ぼくは彼らのことをほとんど分かっていなかったのだ。ぼくたちのテレビやその文法は、〝聴こえる人のテレビ〟〝日本人多数派にとってのテレビ〟にすぎないことを、否応なく自覚させられた。聴覚に関する異なる文化の架橋となる映像を、上記の作家たち、映像祭の応募作品は示している。海外では近年、そうした作品は商業的にも頻繁に出回るようになってきたが、日本の映像文化はまだまだ閉鎖的なのだろう。*4

東日本大震災でのろう者たち

二〇一一年三月十一日の東日本大震災。一四時四六分の地震発生を受けて「目で聴くテレビ」が、NHK総合テレビの災害放送に字幕をつけた「緊急災害リアルタイム放送」を、字幕と手話で配信しはじめたのは、なんと一五時一〇分という早さだった。ネット配信も同時に始める力もついていた。電話やメールも活用しながら、リアルタイム放送は三月十九日まで続けられた。その後三月二十二日からは今村彩子監督が、災害放送ディレクターとして被災地で取材を始め、毎日の「目で聴くテレビ」ニュースや、毎週の番組「目で聴くWEEKLY」でレポートしていった。その後も衛星中継を含むさまざまな手段を使って、「目で聴くテレビ」は障害者にとっての大震災その後を、放送しつづけている。今村の映画『音のない三・一一～被災地にろう者もいた～』（一二年）はその成果の一つだ。

災害や避難情報に関する大きなハンディを埋めようと「目で聴くテレビ」は精力的にレポートしつづけている。日本も二〇一三年、ようやく批准した「障害者の権利に関する条約」には、「締約国は、全ての当事者にインターネットも含めたアクセシビリティの提供を行う為のあらゆる適切な措置を講じ、それを妨げる問題を撤廃する（九条）」とされている。

世界ろう連盟（ＷＦＤ）は、条約の意義を以下のように述べる。「ろう者にとっての最大の成果はろう者の言語的人権が認められたことである。この条約では、手話で教育を受けたり、情報にアクセスすること、プロフェッショナルな手話通訳を使うこと、手話の使用を受け入れ、容易にすること、また、ろう社会の文化的・言語的アイデンティティを促進させることなどを掲げている。さらに、手話は言語として音声言語と同等の言語として定義されていることである」

こう書くと、「目で聴くテレビ」はいかにも〝順調で美しい世界〟として発展しているかのようだが、ぼくたち聴者が享受しているテレビに比べれば、スタッフも予算もけた違いに少なく、現場の仕事は「超」つきハードだ。ぼくの知る梅田ひろ子プロデューサーは絶えず過労状態で、会議での居眠りが休養時間のようだ。視覚障害者を対象とする「日本福祉放送」（大阪）も、青息吐息なのだ。総務省はＮＨＫ・民放に対し、字幕・手話・解説放送実現の数値目標を掲げるよう指導してはいるが、それは努力規定であって義務規定ではない。ちなみにアメリカの情報通信法では、商業放送も含めてすべてのテレビに字幕が義務づけられている。

果たして東京パラリンピックでは、ユニバーサルデザインが競技場や練習場にいきわたるのだろうか？　日本のメディアや情報の仕組みが、ユニバーサルになっているのだろうか？　ぼくたちの心の中のバリアはフリーになっていると、世界から来た障害を持った人たちに納得してもらえるだろうか？

注

＊1　宮城県「東日本大震災に伴う被害状況等について」（二〇一二年二月二十九日）によると、宮城県沿岸部の大震災による死亡率は、総人口比で〇・八％、障害者手帳所持者比で三・五％だという。

＊2　梅田ひろ子「『目で聴くテレビ』がめざす放送バリアフリー」金山・津田前掲書、二〇一一年。

＊3　河崎佳子「手話とろう者―家族・教育―」『手話・言語・コミュニケーション』二号、文理閣、二〇一五年。

＊4　『エール！』エリック・ラルティゴ監督、二〇一五年。聴覚障害の家族の中で育った聴者の少女が、歌手になる夢を家族に理解してもらおうと奮闘するフランス映画／『ザ・トライブ』ミロスラヴ・スラボシュピツキー監督、二〇一五年。ろう者の寄宿学校に入学したセルゲイの愛と苦難を描いたウクライナ映画／『奇跡のひと　マリーとマルグリット』ジャン＝ピエール・アメリス監督、二〇一四年。三重苦で生まれた女性と彼女を教育したシスターを描いたフランス映画など。

第12章　島ッチュたちの音楽一揆
——あまみエフエムからのメッセージ

1945年　奄美を米軍が占領。自治政府設置。
1953年　米軍が奄美を日本に返還（沖縄返還は1972年）。
1992年　放送法施行規則の一部改正によりコミュニティ放送法制化。
1995年　阪神・淡路大震災をきっかけに、神戸で複数の“海賊放送局”が始まり、翌年、外国人向けＦＭ放送局「ＦＭわぃわぃ」開局。インターネット元年。
1998年　奄美でライブハウス「ASIVI」オープン。
2002年　奄美出身・元ちとせ「ワダツミの木」ブレーク。
2000年代後半　YouTube、ニコニコ動画、Ustream、Twitterなどでの発信ブーム。
2007年　世界コミュニティラジオ放送。連盟AMARC日本協議会発足。
奄美にＮＰＯコミュニティＦＭ「ディ！」誕生。
2009年　民主党政権、放送・通信の独立行政委員会を提言。
2011年　東日本大震災で、臨時災害放送局（FM）が開局。最大時30局。

「紅く棚引く雲は　誰の泣き顔か　灯り　消えて点って　明日を手招いている／ひとりで行くと決めた時に確かに心が　宿命という声を聞いた」

奄美産の音楽を全国的に大ブレークさせたミュージシャン・元《はじめ》ちとせの『君ヲ想フ』（作曲・ハシケン）は、こう唄いだす。「一八歳で奄美を出る時、友達や両親と離れる淋しさや都会で一人で生きるという不安で泣き崩れました。でも都会で出逢った人たちに〝ふるさとを想う気持ちをもらった〟と強く感じていました」（元ちとせのアルバム『ハイヌミカゼ』）。鹿児島県奄美大島瀬戸内町出身の元は、高校三年で「奄美民謡大賞」を史上最年少で受賞するなど、早くから才能を認められていた。高校卒業後、大阪で美容師になろうと島を出るが、夢は挫折し上京して歌の修業を重ねた。二〇〇二年に出したシングル『ワダツミの木』がチャート一位に躍りだし、『ハイヌミカゼ』が驚異的にブレークした。そして坂本龍一と一緒にTBS『筑紫哲也NEWS23』にも出るなど、たちまちメジャーになった。沖縄の音楽とはまったく違う、奄美独特の音楽世界、また元が裸足で登場し、全身を使って創りだす斬新なイメージが若者たちに与えた衝撃は大きかった。しかし全国に散らばる奄美出身の人たちに与えたショックは、もっと別の意味で大きかった。

今は奄美の中心街でライブハウス「ASIVI」を経営する麓《ふもと》憲吾さんも、かつて東京で働いていた一人だ。麓さんには忘れられない体験がある。東京の奄美料理店で一杯飲んでいたときのこと。隣に五〇代くらいの男性が座り、一緒に焼酎が進んで感慨深い話を聞いた。その人も奄美生まれだったが、ずーっと自分が島出身だということを誰にも言わなかった。薩摩からも琉球からも長い間〝大島人〟と罵られ、差別されてきた歴史的記憶は、奄美の人なら誰でも身に染みているからだ。ところがある日、カーラジオから『ワダツミの木』が流れてきて、「私は奄美出身！」と自己紹介した。ショックで体がふるえて、車を脇に止め、ボーっと聞き入ってしまった。奄美出身であることを隠さなくてもよくなったんだ、と。いわば元ちとせによって、自尊心やアイデンティティを取り戻すことができたのだ。

シマをエンパワーする「ディ!」

奄美からは、元ちとせのあと、中孝介《あたり》、朝崎郁恵、RIKKIらがブレークし始め、そして最近はカサリンチュのブーム。奄美のそれぞれの集落(シマ)の民謡(シマ唄)を基調とする新しいミュージシャンたちが、解き放たれたように羽ばたき始めた。この瑞々しく多様な音楽シーンの最も刺激的な坩堝《るつぼ》になっているのが、今や伝説的なライブハウスになったASIVI(「あそび」の奄美方言)である。ここで生まれるシマ唄たちは、建物の二階にあるNPOのコミュニティFM放送局「あまみエフエム(愛称:ディ!ウェイヴ)」(麓憲吾局長)から、シマジマ(各地の集落)へ、世界へと発信されていく。

「ディ!」は奄美大島の入り口・名瀬の真ん中にはあるが、建物自体も、そこで企画・編成・制作されていく番組も、派手なわけではない。むしろ大島紬のように、地味でしっとりと落ち着いた風合いの、職員一〇人ほどの小さな放送局だ。奄美のニュース、観光・交通の情報、警察や行政の情報などもしっかりカバーしているが、「ディ!」プログラムの主力は何といっても地元のアーティストたちの番組である。元ちとせの『Do you know me?』、中孝介の『拝みレディオ』、カサリンチュ『ただいま、カサリン中です。』、ハシケン『大使は気まぐれ』、テゲテゲRADIO』、ヤマケン『The show must go on』などなど、シマ唄ファンなら涎が出るような番組が、毎日ぎっしりとラインアップされている。

「ディ!」の番組のもう一つの大きな特徴は、できるだけシマクチ(奄美方言)を使える人たちが、シマクチで語り合い、シマクチの中に積み重なってきたそれぞれの歴史や文化を、若い人たちや子どもたちに伝えていこうとしていることだ。シマクチで言葉・方言のことを「ふとぅば」というが、これに語呂を合わせて二月十八日を「ふとぅばの日、方言の日」にしようと、奄美群島一二市町村で作る大島地区文化協会連絡協議会が二〇〇七年度に決めた。ちなみに沖縄方言では「くとぅば」なので、九月十八日が「方言の日」だ。それで今年（一六年）二月十八日の「ディ！」の番組も、一四時から一六時半までの『ふとぅばの日スペシャル』を中心に、いつも以上にふとぅばのオンパレードだった。この特集番組に合わせて、ぼくも「ディ！」が開局した九年前に続いて、ナマ放送現場へお邪魔させてもらった。

スペシャル番組は、奄美市のまちづくり事業と連携して、市内の末広市場の中に作られているサテライトスタジオ「末広市場ディ！ 放送所」（Ⅲの扉写真）からのナマ放送だ。「うがみんしょうらん！（こんにちは！）」から始まって、ベテランの丸田泰史・渡陽子の両パーソナリティが、リスナーからのメールも交えながら、次々とユニークな番組を展開していく。「シマゆむた伝える会」のゲストたちによる群島各地のふとぅばの違い、面白さを発見するトークショー、周到に準備された「英語の授業が島口だったら」「機内アナウンスが島口だったら」などなどの抱腹絶倒のコーナーも満載で、市場の中で聴いている人たちや、通りかかる子どもたちも、楽しみながら自然に巻き込まれていく、という巧みな演出だ。

周縁に広がるコミュニティＦＭ

奄美群島は、鹿児島市の南西三七〇～五六〇キロメートルの範囲に広がり、沖縄へ続く八つの島（大島、喜界島、徳之島、沖永良部島、与論島など）の総称である。群島の中心にある奄美大島は約七二〇平方キロメートルで、日本では沖縄本島、佐渡島に次ぐ大きな島だ。大島の中心部、奄美市の人口はおよそ四万五千人。群島は、昔からサトウキビによる黒糖、焼酎の生産で知られてきたし、豊かな海による水産業や観光、大島紬の産地としても有名だ。

一〇年前、鹿児島県全体の放送メディアは、テレビがＮＨＫとＭＢＣ南日本放送（ＴＢＳ系）、鹿児島放送（テレビ朝日系）、鹿児島テレビ放送（フジ系）、鹿児島読売（日本テレビ系）があった。ラジオはＮＨＫ以外には、ＭＢＣ（県域・中波）、ＦＭ鹿児島（県域）があり、コミュニティＦＭは鹿児島市内にフレンズＦＭがあるだけで、奄美には届かなかった。大島には、地元新聞社が二つとケーブルテレビ、それに有線放送の生活情報「親子ラジオ」があったが、「ディ！」ができるまで放送局はなく、本土から聞こえるラジオは鹿児島のＮＨＫとＭＢＣのみだった。たまに鹿児島弁が入っても、奄美弁・シマクチの定時番組はなかった。

こういう環境の奄美に、麓さんたちは二〇〇七年五月、初めての地元放送局としてコミュニティＦＭ「ディ！」を開局した。全国で一〇局目になるＮＰＯ放送局だった。出力は二〇ワット。立ち上げた当初は、まず奄美市の中心部をカバーした。その後、〇九年には奄美市と防災協定を結び、翌年、県と市の地域振興推進事業として中継アンテナを増やして、市のほぼ全域をカバーしてきた。今、会費で「ディ！」を支える「サポート会員」は一七〇〇人にもなる。

さらに島内の宇検村に一〇年に開局した「エフエムうけん」、瀬戸内町に一二年にできた「エフエムせとうち」などと提携して、大島の大半で受信できるようにしてきた。これらとは別に、島の北部・龍郷町には一三年に「エフエムたつごう」が生まれ、ほぼ島の全域をコミュニティ放送局がカバーしたことになる。鹿児島県ではこの一〇年で、人口三〇万人余りの大隅半島に四つ、人口六万人余りの奄美大島に四つのコミュニティFMとそのサポート組織が生まれた。いずれも総務省が指定する「過疎地域」での、NPOによる非営利の市民・住民の手作り放送局だ。

ラジオ放送の免許を都道府県単位から、生活範囲（コミュニティ）に見合った小出力（二〇W）で発信できるようにしたコミュニティFMが一九九二年に制度化され、この二〇年余りで二九五局（二〇一六年一月。総務省）になり、四月には三〇〇局を超える勢いだ。東北被災地では、三〇局もの「臨時災害FM放送局」が誕生したが、震災五年を越えて「臨時」の評価が分かれ、財政も苦しい。苦闘の中で、商業放送のコミュニティFMに再生した局、NPOに引き続がれた局、活動を終えた局などそれぞれの地域によって事情はさまざまだ。

これらの内、NPOによる非営利放送局は、東日本の被災地を含めて三四局にもなる。こうしたNPO放送局は、ほとんどが日本列島の周縁地域で活動している。ヒト・モノ・カネと情報の一極集中によって、テレビのキー局が東京のみに存在する日本の異様な状況からすれば、周縁地域に開局しはじめた営利を求めないコミュニティFMの生態系は既存の大電力局の公共性の限界と、市民・住民による新たな公共性の創出を示している。

音楽一揆しかない

麓憲吾さんは、一九七一年奄美生まれのミュージシャン。音楽の先進地だと思いこんでいた東京で働きながら、次第に「東京発の音楽」に違和感を抱くようになる。地元へ戻り、地元のバンドのために一九九八年ASIVIを開いた。奄美のシマジマ（生活単位のそれぞれの集落）は、それぞれシマ唄（集落独自の民謡）を持っている。昔からそれぞれのシマ唄が歌い継がれ、各種の民謡大会なども盛んに行われてきた。シマ唄以外にも、仕事や行事の際の歌、わらべ歌、神事の歌などさまざまなジャンルの唄文化がある。

口承で伝えられてきた仕事の苦楽、琉球や薩摩への深く積もった恨み、飢餓の続いた苦しい生活、かなわなかった恋、支え合った温かな人情など、シマジマの心の物語が、それぞれの形式で歌われ、踊り継がれている。夏の「八月踊り」では、子どもたちから長老たちまでが入り交じっての、自慢の歌と踊りの競演となる。今、日本を席捲しているシマ唄のスターたちは、こうした土壌から育ってきた。[*1]

他方で麓さんは、以前から始まっていた「沖縄ブーム」や「島唄」の音楽資本によるキャンペーンでは、「沖縄の島唄」と「奄美のシマ唄」が一緒くたに売り出されてゆくことに大きな違和感を抱いていた。奄美のシマ唄は「ファ・シ抜きの五音階」で、琉球の「レ・ラ抜き五音階」とは違う。さらに「七七七五」で表現する奄美以北のリズムと、かたや「八八八六」リズムの沖縄とは明らかに違う。それを〝島歌・島唄〟としてまとめて商品化されることにも強い抵抗があった。

民謡は盛んに歌われているのに、自分自身も含めて「奄美の音楽は遅れている」と、長らく思い込んできた。そのことへの深い疑問が、だんだん膨らんできた麓さんは、〈島の誇り〉を島人に取り戻そうと、青年団の友人たちと準備を重ね、二〇〇一年「夜ネヤ、島ンチュ、リスペクチュ‼」（〝今宵は、島人に敬意を！〟：豊山[*1]）という一大音楽イベントを立ち上げた。本土からやってくる観光資本や音楽資本に圧倒されて、失いかけているシマッチュの尊厳を取り戻そうとした、いわば〝音楽一揆〟だった。

その直後に、元ちとせの『ハイヌミカゼ』『ノマド・ソウル』などが大ブレイク。朝崎郁恵、ＲＩＫＫＩ、中孝介らも人気を集めはじめる。奄美には地元のラジオ局はない。鹿児島から入ってくるラジオからは、めったにシマ唄もシマクチによる物語も聴くことはなかった。こうした状況を知っていく中で、麓さんはだんだんとシマ唄とシマクチが普通に流れる放送局をイメージするようになっていったという。

禁じられてきた「シマウタ」

京都で教員をしながら、学生たちを京都のコミュニティＦＭ「ラジオ・カフェ」でトレーニングしていたぼくは、開局準備にラジオ・カフェに来ていた麓さんと知り合い、授業に来ていただいたり、学生を奄美で預かってもらったりした。そして「ディ！」開局に合わせて奄美に見学に行き、当時の麓さんにその初心を聞いた。

津田　鹿児島からのラジオは「シマクチ（奄美言葉）」は使われないのですか？

麓　シマ唄のコーナーはありますが、シマクチを聞ける機会はないですね。

津田　シマの言葉でしか伝えられない物語、口承の文化がありますよね。北海道・二風谷《にぶだに》のアイヌ語の放送局「FMピパウシ」の場合、神話・伝説・行事など、文字ではなくラジオでなきゃできない「語り／聞き伝えの文化」だと。語りや言葉が大事だということですが。シマクチで伝える文化というのもあるんでしょうね。

麓　自分たちの親の時代には「シマクチを使っちゃいけない」という時期があって、学校ではシマクチを使うと「立て札」（罰として首から札を下げられる）をやられた時代があったそうです。戦後、鹿児島から来た役人や教員が「標準語を使え！」と強制したんですね。ともかくシマクチを使うな、というのは有名で。自分たちの親の年代は、シマ唄もよく歌えない、うすい世代です。最近でこそ若手のシマ唄の唄い手さんもいますが、先輩たちは、最近奄美の知名度があがるまでは、内地のものが良しと考えていましたね。

津田　シマクチ、シマウタはどういう理由で、誰が禁止したんですか。

麓　集団就職などで差別されないように、というような意味合いがあったのかもしれませんが……。今でも行政関係、警察、先生は半分以上が鹿児島の人たちなので、遠慮なく鹿児島弁で指導されます。彼らも東京へ行くと標準語で話すでしょうが、奄美に来ると鹿児島弁のまま、ガンガン言うのも不思議だなあと……（笑）。

津田　はあ、なるほど……。それは薩摩の時代からの名残で……？

麓　今でこそ、鹿児島から転勤で来られてシマ唄を楽しんでいますが、ほんの数年前まで「奄美の人は時間にルーズだし」とか「奄美の人と結婚するな」とか。身元で結婚話がなくなったようなことが残ってる感じはあります。薩摩に圧迫され、流刑の場所[*2]でもあったし……。

津田　沖縄との関係ではどうなんでしょうか？

麓　沖縄との関係は、兄弟島的なところはあるんですが……。最近の奄美の盛り上がりで沖縄が歩み寄ってるのは事実ですね。それまでは、どちらかというと「（本土）復帰を先に抜けた[*3]」こともあり良くは思ってなかったとも聞きます。向こう（沖縄）は奄美を取りこみたいところはあるのですが、こちらは「違う音楽だ！」とアピールしたいですね。

価値あるものを自分たちが持っている

津田　文化の違いを、大切なこととして意識し始めたということですか？

麓　民謡なんて日本中どこにでもあるのに、どうして東京からやってきたいろいろなアーティストたちが、奄美に注目してくれるのか？　そういう捉え方をするのかなと思って、あぁこれはすごく価値のあるものを自分たちが持っているのではないかと気付き、音楽をやる以上、地元のそういった文化をやっていきたいと、いろいろやり始めました。……奄美は田舎なのでテレビも雑誌も内地の情報にこだわりすぎで、「自分たちは遅れて、間違っている」という、アイデンティティのなさというか、振り回されている気がして、島の人たちが島のことを知るきっかけを作りたいと、島おこしの中ですごく考え始めました。[*4]

津田　どうして放送局を始めようと？

麓　僕たちは内地に出ても、奄美出身者と言いづらい状況もあったんですけども、ブレークした元ちとせさんのイベントから「奄美」というフレーズを耳にするようになりまして。そこから初めて自分たちの奄美というものに誇りを感じるようになりました。やはり地元の放送がほしい。奄美は行政区分では鹿児島だけども、外からは沖縄と思われていたりと。沖縄でも鹿児島でもないところで、自分たちが何であるかということを感じたい。こういった流れからそこにたどり着いたんですよね。……地元や隣町に放送局があるわけではなく、何の経験者もいなければノウハウもないので、京都の皆さんや大隅の皆さんにご指導をいただきながら[*5]何とかスタートすることができました。

隠然と続いてきた鹿児島や本土の植民地感覚。かつての苛烈な弾圧のトラウマの中で生きてきた島の人たちの、誇りやアイデンティティを回復したいという思い、内地からのメジャー音楽や「標準語の強制」に象徴される中央志向の政治・文化の価値観から、奄美を解放したいという、潜在的な強い思いがあった。そして基本的な番組編成の考え方として、「奄美市民及び奄美市に来訪される人々に必要かつ有益な情報をタイムリーに届けるよう心掛け」、特に「奄美市民に番組制作を開放して情報発信できるような編成とする」という点が、商業放送と基本的に違うところだ。

「こんな番組あったらいいな……」というアンケートには、「唄遊び実況、八月踊り実況、三味線・チヂン（奄美の太鼓）解説番組、島歴史番組」（三四歳女性）、「シマのジュウリー、裏アマミ」（四二歳女性）、「奄美の神話やわらべうた」（三五歳女性）、「奄美列島自転車の旅」（三一歳女性）、「ハブ目撃情報とか?」（四七歳女性）、「台風・交通情報を地域密着で、奄美のインディーズミュージシャン特集」（四八歳男性）、「うじうばの会話をノーカットで」（二二歳女性）、「島料理のレシピ・島口講座・おすすめスポット」（四二歳女性）などなど、多彩な〝やってみたい番組〟が集まった。

シマッチュとして生きる

それから十年近く、ぼくは研究仲間と再び「ディ!」を訪ねた。建物の外観は変わらないが、内実はすっかり様変わりしていた。スタッフが増えたことやサテライトスタジオができたことではなく、〝一揆〟の拠点だったASIVIが町のたたずまいに溶け込み、シマクチの放送が流れることが当たり前の風景になり、静かな自信に満ちていた。麓さんに再び時間を取ってもらった。

津田　この十年近くで「ディ!」は定着してきたようですね。

麓　学校の体育祭、保育所の運動会、いろんなイベントに次第にシマ唄、シマクチが使われるようになりました。今は行政の挨拶、会合の冒頭で「うがみんしょうらん!」から始まるのが、日常の風景、空気感になってきました。去年（二〇一五年）、鹿児島で開かれた国民文化祭の挨拶の半分が奄美ネタ!以前は絶対なかったことで、県も、奄美を管理しているメリットを感じているんだな、と面白いですね。状況はこうして変わるんだなと。

津田　ラジオの影響、大きいんですね?

麓　番組では徹底してシマ唄、シマクチを流すようにしてきました。マスメディアからのメジャー文化、東京文化の方へ自分たち自身が誘導されて、失ってきた奄美のアイデンティティを、自分たちがメディアをもつことで取り戻してきたんです。メディアは使い方によっては怖いことですが、若い人たちに、中央や商業主義に押し付けられた文化だけでない（自分たちの独自の文化という）選択肢ができたことが大事だと思います。

津田　水害の時、[*6]地元の放送局が必要だと認知されたということはありますか？

麓　もともと市とは防災協定を結んでいました。被災した集落からも、県外の出身者からもメールや情報があったのは確かですが、それは普段からの付き合いがあるから連絡してくれたのであって、メディアのあるなしの問題ではないと思います。市役所の中にも「ディ！」の賛同者が大勢いて、そういう日常の付き合いの力が大きいですね。

津田　目標にしていた「奄美のアイデンティティ」は回復したと？

麓　そういう感覚がかなり醸成されたなと、七周年（二〇一四年）のころから感じました。高校卒業と同時に九割の若い人たちが島を離れるのですが、離れる時、「シマッチュとして生きる」「いつか帰ってくる」「シマのためにがんばる」というような、それまで聞いたことがなかったフレーズがどんどん出てくるようになりました。

津田　音楽的には変わりましたか？

麓　（元）ちとせちゃん、中（孝介）君らがブラッシュアップされてシマへ戻ってきて、シマで音楽を志す人たちがぐんと増えた。これまでは「夢と可能性はシマの外」だったのが、シマにいながらメジャーをめざす人たちが出てきて、カサリンチュなんかが良いモデルです。沖縄のように商業化した「民謡居酒屋」ができるという方向ではなくて、シマにいて仕事をやりながら音楽をやる方が、シマらしい文化かな。音楽環境は新しいステージに進んできていると思います。もう一つこれからの課題は、特にシマを意識せずに出ていったけど、シマの価値に気付いた子たちが戻ってこられる循環を作ることが、大事だと思っています。

シマで必要なメディア・リテラシー

遠い昔から、どこでも共同の暮らしには、歌や踊り、語りや口承によるコミュニケーションは不可欠だったが、急速な近代化は、そうした親しいコミュニティやコミュニケーションを根底から壊してきた。しかし辰巳正明によれば、奄美には男女が互いに歌を詠み交わし、掛け合い、出会いの場でもあった万葉の時代をしのばせる「唄（歌）掛」「唄（歌）垣」の習慣が、「八月踊り」などの中に、今も残っているという。[*7] 奄美のウタシャ（唄者）は歌の場の先導者であり、「次々と唄が出てくることに心を配り、その唄の場を見事に盛り上げることに心掛ける」。つまり唄者はそれぞれの〈唄の場〉の組織者であり、ファシリテーターでもある。唄者は歌を商品化するプロではなく、みんなが集まった場所の雰囲気や、シマの人たちの気持ちを把握し、相互のコミュニケーションをつくりだす中心的な役割を果たす。麓さんたちは、廃れてきたかけがえのない伝統的な文化を、「ディ！」やＡＳＩＶＩという場で再生しようと志してきたように思える。もちろん観光案内やまちおこし、教育関連の情報もしっかりと担っている。しかし麓さんがラジオを始めようと決意したのは、母語であるシマクチやシマ唄が封じられてきた歴史、内地のメジャーの音楽ビジネス、中央志向の政治・文化の価値観から、自分を含めた島の人たちのアイデンティティを取り戻したい、抜け出したい、という希求や意思からだ。

島ッチュにとっての最も大切なメディア・リテラシーとは、長く禁じられ、コンプレックスを持たされてきたシマクチ／シマ唄に対し、実は「あぁこれはすごく価値のあるものを自分たちが持っている」という自覚、深く商品化されてしまっている本土や沖縄とは違う音楽だと共同で確認し、アピールしたいという望み、支配的な音楽・文化構造に対する自前の音楽創造への意欲、放送を使って語りあいたいという欲求などが総合されたものだろう。ラジオという公共メディアで「方言という母語」を取り戻すということは、権力によって奪われた方言に積み重なっている自分たちの生活史や文化を取り戻す闘いでもある。その瞬間、メディアは権力のツールから人々がつながる道具に置き換えられるのだ。この時に、一番重要なメディア・リテラシーは、研究者たちが指摘する「マスメディアを読み解く能力」ではなく、「自分たちのアイデンティティを取り戻し、コミュニケーションを創造する力」だ。創りだした自前の音楽を共有するのに適したメディア、身の丈にあった技術、財政的に手の届く規模などから総合的に考えると、コミュニティFMがいいのではないかという選択をした智恵が、見事に実ったのだ。歴史・風土的、地政的、文化的な体験全体によって培われ、抑圧・差別されてきた負の体験をバネとし、対話や表現の機会を封じられてきたことに対する自己表現の解放の欲求や、相互コミュニケーションへの強い意思こそが、「ディ！」の発信行動の源泉だろう。

おおすみネットワークの独創性

京都の中心部にある「京都コミュニティ放送（通称ラジオ・カフェ）」は、それまで誰も考えつかなかったNPOによるコミュニティ放送局をめざして、当初は総務省の役人に嗤われながら、艱難辛苦と長い準備の末、二〇〇三年に開局した。ぼくもここで多くの学生たちを育ててもらい、支援もしてきた。ラジオ・カフェには、たまたま奄美や大隅出身の人たちがコアメンバーにいて、奄美・大隅でのコミュニティFM開局に際し、技術的にも思想的にもバックアップしてきた。そのネットワークによる成果の一つが、〇六年に鹿児島・大隅半島に生まれた一連のNPO放送局と、そのサポートNPO「おおすみネットワーク」であり、〇七年に誕生した奄美の「ディ！ウェイヴ」である。

大隅半島は広いが、コミュニティFMに許されている出力は二〇Wが限度だ。こういう画一的な法制度が、コミュニティのつながりを遮っている。現行法の中では、大資本による県域放送局でカバーするか、複数のコミュニティFMが連携しなくては、半島をカバーすることは物理的に不可能だ。他方、全国や広域を対象にする大規模な放送局では、小さなコミュニティの情報、地域の暮らしや文化を日常的にていねいに伝えることは難しい。また大きな放送局のスタッフの社会的な地位や特権的な意識などが、小さなコミュニティの暮らしや文化に目を向けることを遮る場合も多い。つまり小さな「地域コミュニティ」「文化コミュニティ」に生きる当事者自身は、自ら発信しなければ、言論・表現の公共圏に加わることは極めて難しい。ところが小さなコミュニティには経済力や人材がない。日本の放送／通信政策はこうした状況を基本的に放置してきたといっていい。

過疎地域の典型であり、日本の〈限界集落、臨界的周縁〉ともいえる大隅半島では、市民・住民自身の手になるNPOの小さな三つのコミュニティ放送局（鹿屋、肝付、志布志）を共同運用するために、サポートNPO法人「おおすみネットワーク」を同時に組織した。経営・事業・人材を総合調整し、番組を共同で制作・編成・放送できるようにした。典型的な過疎地域で共同の放送局を立ち上げることができたこの連合体の、極めて独創的なところである。[*8]

周縁地域では、あちこちでこうした技術や経営思想のノウハウの蓄積・交換による相互支援が活発に行われてきている。東日本大震災で東北各地で活躍した多くの臨時災害コミュニティFMも、「FMながおか」（新潟県長岡市）や「FMわぃわぃ」（神戸市長田区。二〇一六月三月に放送終了）などのメディアアクティビストや、MTS&プランニングの協力を始め、各地からの熱い志と応援が支えになってきたと報告されている。[*9] 京都「ラジオ・カフェ」は次第に支援の輪を広げ、二〇一六年五月に京都市北区に生まれたNPOのFM局「RADIO MIX KYOTO」や近々発足する舞鶴市のコミュニティFM「舞鶴赤れんがラジオ」の助産師になろうとしている。

周縁地域でのメディアリテラシー

「ディ！」や「おおすみネットワーク」に象徴的にみられるように、各地で一般の市民・住民・NP

Oが、必要に迫られてさまざまな形でマスメディアに頼らない自前のメディアを創りだしている。これらに共通する第一の特徴は、生活するコミュニティの当事者、メディアや情報から遠ざけられた人たちによる自前のコミュニケーション・システムであることだ。第二の特徴は、空間的・地理的中央ではなく、日本の周縁領域、文化的・権力的周縁にいる人たちの手になる点だ。マスメディアのように、当事者に代わって表現する商業的、代理的なものではない。当事者それぞれが表現しようとしている番組は、中央標準や平均値をめざすものではなく、独自のアイデンティティと独自の表現や文化を回復しようとしていることだ。当然のように、開設資金・技術・知識も乏しい。コミュニティFMを準備しようとすると、監督官庁である総務省は「安定的な経営」や「技術基準」を求めて、千万円単位の資金を準備せよと指導する。その背後に、電機・通信などのメーカーが、ワンセットになって貼りついている。

こうした状況の中で実際に役立つメディア・リテラシーとは何だろうか。メディア・リテラシーは「市民がメディアを社会的文脈でクリティカルに分析し、評価し、メディアにアクセスし、多様な形態でコミュニケーションを創りだす力、またそのような力の獲得をめざす取り組み」だと定義されてきたが、ここには（1）「メディアを分析・評価する」位相と、（2）「メディアにアクセスしコミュニケーションを創りだす」位相、（3）「力の獲得をめざす取り組み」の三つの異なった位相が含まれている。これまでの研究では（1）にさまざまな成果がみられるが、（2）や（3）はあまり現実的に取り組まれてこなかったのではないか。マスメディアから送られるテキストを「読解する能力」と、「失われたアイデンティティやコミュニケーションを取り戻し、新たに創造する能力」はまったく違う。生活当事者、メディアや社会システムの周縁にいる大多数の人たちにとって重要なのは後者である。

伝えたいメッセージを、多くの人たちに感性的で豊かな形で表現・流通させる力こそが必要だ。それをシステムとして実現する意思、仲間と力を合わせてゆく組織力、リーダーシップやマネージメント力、資金調達などの諸力が決定的に重要なのだ。コミュニティの崩壊に直面している周縁地域で生まれている市民メディアは、マスメディアに頼らず、市民・住民自身の力で、コミュニティのメディアを自ら作り出しているといえるだろう。まだまだ小さな力だが、日本ではかつて経験したことがない新しい動きだろう。

元ちとせの『君ヲ想フ』は、こう続く。「振り回されて千切れぬように 流れを感じる 魂までも失くさぬように」

注

＊1　金山智子、加藤晴明、寺岡伸悟、豊山宗洋らの調査・研究に詳しい（後掲の参考文献参照）。

＊2　かつて〝流刑の島〟として扱われた奄美大島には、島津時代、西郷隆盛や名越左源太らも流された。名越は『南島雑話』に奄美の自然や生活、文化などを図解・記録した。

＊3　戦後アメリカはトカラ列島を分断して自治権を奪い、奄美の経済は疲弊。集落や自治体単位でハンストなどで激しく抵抗した。一九五三年十二月二十五日、アメリカは基地が少なく復帰運動の激しい奄美を返還。トカラ列島返還は一九五二年、沖縄返還は一九七二年。

＊4　こうした歴史的背景は喜山荘一『奄美自立論――四百年の失語を越えて』（南方新社、二〇〇九年）などが体系的に描いている。

＊5　〇三年に開局した日本初のNPO放送局「京都コミュニティ放送」や〇六年に放送開始した「おおすみ半島コミュニティFMネットワーク」（鹿児島県大隅半島）のコミュニティ放送局仲間からの支援もあった。

＊6　二〇一〇年十月十八〜二十日、奄美地方は八〇〇ミリを超える豪雨で、住宅の全半壊五〇〇戸、三人が亡くなる大災害になった。「ディ！」が必死に放送やツイッターで五日間伝え続けた様子は、南日本放送、TBS『ニュース23』、テレ朝『報道ステーション』でも報道された。古川柳子「コミュニティFM災害放送における情報循環プロセス」（『マス・コミュニケーション研究』八一、二〇一二年）参照。

＊7　辰巳正明『万葉集に会いたい』（笠間書院）、小川学夫『奄美シマウタへの招待』（春苑堂出版）などに、万葉以来の奄美の「歌流れ（歌の道筋）」「集団詠」の様式、奄美の「歌文化」の起源と代表的な歌の解題などがある。

＊8　津田正夫「コミュニケーションをつくりだす力をめぐって」（『立命館産業社会論集』一三二、二〇〇七年）に詳しい報告。

＊9　松本恭幸『コミュニティメディアの新展開――東日本大震災で果たした役割をめぐって』（学文社、二〇一六年）、災害とコミュニティラジオ研究会『小さなラジオ局とコミュニティの再生』（大隅書店、二〇一四年）、市村元「東日本大震災後二七局誕生した『臨時災害放送局の現状と課題』」（『関西大学経済・政治研究所研究双書一五四』二〇一二年）などに具体的な報告や分析がある。

終章　NHKは誰のものか

――コミュニケーション資源を市民社会へ

一、「ジャーナリズム」のタテマエとホンネ

ジャーナリズムって何だっけ

ＮＨＫは誰のものなのか、ジャーナリズムとは何か、放送の社会的な責任はどうなっているのか。政治家の介入や職員の不祥事で騒ぎになった時は別として、現場では「メディアの倫理」などを考えるきっかけもない。海外のジャーナリストからは不思議がられるが、日本のメディアは、ジャーナリズム教育を受けた学生の採用を嫌がる。新人は先輩の流儀などを真似る、オン・ザ・ジョブ・トレーニングで育つ。企業ジャーナリストであり、番組職人である。職人には職人なりの倫理規範があり、功名心もあるので、しばしば目を見張るスクープもあり、優れた作品も出ていく。実績も上げないでジャーナリズムを論じても馬鹿にされるだけだ。優秀なヤツもいる一方で、大小の不祥事を起こしたり、過労で死んだりする仲間が出るのも日常茶飯だ。そうした日本的企業風土の中で、政治的な自己規制は報道現場を深く蝕んでおり、ＮＨＫにも多くの企業メディアにも、近代ジャーナリズムの精神はほとんど根付いてはいないことを、繰り返し痛感してきた。

大学に転職して初めて、「テレビの公共性」や「ジャーナリズムの意味」について本気で学び、考え始めた。どの学説や経験則からも共通しているジャーナリズムの基本的で本質的な条件は「権力からの

独立や自由」である。政治権力だけでなく、経済権力、宗教権力からの自由も含まれる。ＮＨＫ籾井会長が、本質的に公共放送やジャーナリズムに関わる資格に欠けることはこの一点だけで明確である。また論者によって差はあるが、「社会的責任」「透明性・参加性の保障」「人権尊重」などの規範が、経営の基礎にあるかどうかも決定的に重要である。現場の経験則とメディア理論を総合して言えば、ジャーナリズムとは「報道を職業とする人や企業」が「報道行為と報道のあり方について内外に宣言・誓約した規範とその自己認識」だ。またその誠実な実践を前提にして、人々が彼らに託した「知る権利の代理的な行使」と、そこから派生する「一定の特権および価値の選択」である。それを社会に誓約するため、ジャーナリズム自身が自己規範として「新聞倫理綱領」や「番組基準」を公表しているのである。現場の認識と研究者の理論にはかなりの溝があるが、各社の綱領や基準に共通する「ジャーナリズムの内実」をさらに整理すると以下のようだ。

第一に、社会から委託された報道の目的や使命と、その倫理基準を明示することだ。報道という行為には、社会正義や平和を維持・発展させ、環境の変化や権力を監視して、ニュースや評論という形式で社会に伝え、公共的な議題を設定して世論を形成したり、社会的な出来事を記録することを含む。第二に、取材・編集・報道の過程での規範・倫理を内外に示すことだ。規範には、報道の内容に関わることと、取材・編集方法に関わることがある。報道内容では、放送法の準則[*1]に典型的にあるように、公序良俗に反しないこと、報道内容が正確で客観性をもっていること、公平で多様な視点・論点を示すことによってものごとの真実が追究されること、迅速に伝えること、多くの人が分かるように簡潔で易しい表現であることなどだ。取材方法や作法に関わることでは、公正・公平な立場をとるよう努力すること、合法的な方法であること、人権を尊重することなどだ。第三には、報道の結果への責任を持つことだ。報道した内容に対する意見や苦情に応えること、説明が対話的になされること、誤報に対する訂正や名誉回復が保証されること、などを含む。実際の編集現場では、デスクや編集長がさまざまな記者が書いたニュースを多角的に考慮・編集し、紙面や番組のニュースオーダー（序列）や内容を決定し、判断に迷う場合はさらに上位にある責任者や経営者の判断を仰ぐ。ここにはどんな時でも、政治的な判断が含まれざるを得ない。しかし編集の綱領などでは「中立・公正・客観的報道」と表明し、政治的な価値観が含まれていないかのようなポーズを取っている。

また、公然と明示されてはいないが重要な点は、企業ジャーナリズムが、取材・報道・編集行為や表現物への、有形・無形の特権をもっていることだ。「編集権」や「著作権」などは分かりやすい。しかし欧米や自由主義諸国に一般にあるような、読者・視聴者の「参加権」「反論権」を、日本のメディアは拒んでいる。つまり日本のジャーナリズムには、読者・視聴者とのコミュニケーションの仕組みはなく、一方向的である。最大の欠陥の一つだ。さらに批判が多い点は、主要な官庁などに置かれた「記者クラブ」で、優先的・独占的に入手した重要な情報を、マスメディアどうしで利害が一致すると「報道協定・黒板協定」を結んで、ある期限まで公表しないとか、暗黙の了解で黙殺するなど、大小の情報操作は日常茶飯事であることだ。首相や政治家らと会食したり、官庁が設ける各種の審議会委員になって政策決定に関わることなど、数々の特権をもっていることも、広く知られている。クラブに加盟していない週刊誌やフリーランスの記者たちが、それらを鋭く突く。

企業ジャーナリズムの隠された特権

以上の日本のメディア慣習は、ある程度の暗黙の了解によって、〈ジャーナリズムの日本的公共性〉として認知されてきた部分もある。しかし近年、メジャーなジャーナリズム自身の立場が、暗黙の認知による限界を超えて、政治／経済的にも文化的にも偏っていると、指摘されてきている。特にイラク戦争以降のメディア規制や、秘密保護法、原発問題、安保法制などの報道をめぐって、NHKや読売新聞・産経新聞などは、あからさまに自民党政権やアメリカ政府に追随する記事・論説を掲げるようになってきた。NHKを含めた政権寄りのジャーナリズムには、上述したもの以外に、公表しない・できない各種の特権や、隠された取引が数多く存在するからだ。

まず第一の理由は、メディア企業として長年蓄積してきた隠然たる既得権益の確保、拡大である。放送企業の場合、国の通信・電波政策を、総務省・経産省などからいち早く入手し、公正な競争以前に利権が得られる構造だ。二〇〇〇年代半ばに、ライブドアや楽天など後発の事業者が、ニッポン放送やTBSの経営に参入しようと格闘して排除された事件は記憶に新しい。また監督官庁から放送・通信業界への多数の天下りを含めて、経営や人事で深くもたれ合っている。メディア幹部が、政府や自治体などの審議会や委員会に「有識者」として入り込み、発言力をもつことは、簡単な検索で明らかになる。株の持ち合いと人事によって新聞社がテレビ局を系列化していること、NHKの経営を鋭く批判する全国三紙の代表がＮＨＫ中央番組審議会のメンバーであることも象徴的だ。全国ネットワークを持つ大放送局は、公共財である電波を占有・使用していることで、世論の形成・誘導など、政治的に巨大な特権をもつ。福島の原発事故は、マスメディアが「原子力ムラ」に深く関与していた事実を明らかにした。またメディアが経営するビジネスでも、電波やそれに隣接するさまざまな機能・技術を使った広告、宣伝、各種の冠イベント、プロ野球を含むほとんどのスポーツ競技から、不動産取引、音楽・芸能・流行の創出に至るまで、巨大な利益を生み出す文化的特権を独占している。

第二に、ニュース取材において建前上の「公共利益」と、メディア企業やその所属ジャーナリストの「私的利益」が常に天秤にかけられていることである。取材者はニュースの意味や人々にとっての利益を考えるよりも前に、他社を出し抜いて、手柄を立てるという意識や習慣をトレーニングされている。「公共性」の価値よりも、企業の利益や私的な出世を優先する習性だ。恥ずかしながら、ぼくもかなりそうした価値観に染まってきたことは否めない。同業他社との競合に勝ち抜き、事業を拡張することが、ジャーナリズム産業でも鉄則である。社内の規範は、二重・三重に矛盾する基準を抱えているが、その中で「公共性規範」の順位は高くはない。

第三に、企業内からの批判を抑えるための組織内管理・統制の徹底である。政府との確執をさけるために権力に迎合・忖度するような記事や、批判的な意見を取り入れない管理職が多くなっている。特定秘密保護法や安保法制審議の過程で、市民の意見や反対デモの取材・報道が、ＮＨＫなどでは極端に少なかったが、多様な意見や多角的な取材をしない風潮が蔓延《はびこ》っている。籾井会長の就任時の〝政府が右と言ったら左とは言えない〟発言、一六年四月の〝原発報道は公式発表をベースに〟発言などは、その最たるものだが、組織内部では、これを徹底させるために隠然たる人事操作で批判的意見を封じ込める。こうした組織内の抑圧は、画面からはなかなか見えてはこない。メディア統制が進む現在、現場の労働組合の態度がしばしば疑問視されているが、欧米のジャーナリズムで尊重されている「内部的なジャーナリストの自由」とは程遠い状況だと言える。

第四に、テレビ業界のピラミッド的制作構造、下請け構造による収奪である。ＮＨＫと関連会社のことは第三章で書いたが、民放の体制では制作費をピンハネしつつ、下へ下へと請け負わせていく構造が長年の深刻な課題である。不十分な制作費用や制作期間、研修・教育の不足でヤラセや人権侵害が生まれてしまう環境、無権利状態のプロダクション労働者の悲惨な実態などが、しばしば指摘される。

第五に、マスメディアのエリート層の特権的な意識の問題である。メディア企業の幹部は、自分自身が国家や社会の秩序を支えており、政治的治安を守っていると考える場合が少なくない。そのために政治家たちと非公然のネットワークを幾重にも作り、ゴルフをし、酒を飲み、姻戚関係や株の持ち合いに至る内密の政治的活動によって、「公共圏」を掲げながら「権力との親密圏」を形作る。そうした私益的で非公然の意識・習慣・政策を通じて、他社や他の産業界との境界を築き、プレゼンスや支配領域を固め、拡大していく。そこでは公共的事業という看板、ジャーナリズムというキーワードが免罪符として使われる。こうしたプロセスは、メディア社会の主人公である一般の読者・視聴者・市民からは視えないし、関わることができない。「メディアの公共性」の明らかなダブルスタンダードだ。

このようにして民主主義の理念やジャーナリズムの原理が、「組織された利害団体の広報活動と消費的公共圏[*2]」に、つまり政府のPRと、視聴率・部数優先の商売になり下がってきたのである。

〈一人ひとりの人権〉のために言論・表現の自由があること

日本国憲法は、民主主義、平和主義、基本的人権の尊重の三大原則が骨格になっていると、誰もが教えられる。その基本的人権の中核的な理念の一つが、憲法十九条、二十条、二十一条に謳われる「思想・良心の自由」「信教の自由」「集会・結社の自由、言論・表現の自由」だ。それらの原理は、イギリスのピューリタン革命後の「印刷の検閲・独占撤廃」（一六九五年）、フランス革命の人権宣言十一条「思想・意見・出版の自由」（一七八九年）、アメリカ独立革命後の修正憲法一条にある「信教の自由、言論・出版の自由」（一七九一年）、の三つの近代市民革命の理念に由来していることも、ジャーナリズムのイロハである。欧米の近代合理主義、キリスト教的な倫理観にも裏打ちされた思想が、国連憲章や国際人権規約に敷衍され、グローバルスタンダードとして戦後日本の憲法の基礎になった。

ところで、憲法の三大原則のうち民主主義と平和主義は、経済成長と発展の中で幾重にも制度化され、外交・国際関係の基準にもなってきた。一方「基本的人権の尊重」では、亡命者や難民の受け入れ、子どもの保護、ジェンダー問題、ヘイトスピーチなどで、国際社会からしばしば改善勧告を受けているように、未解決の問題が多い。つまり、主として経済的合理主義の範囲内で、民主主義や平和主義は作動し、経済性に見合わない人権尊重の理念は、あまり有効に作動してこなかったといえるのだろう。

その結果、非正規雇用の若者たちや、ワーキングプア層、貧困層の母子家庭・独居老人、在日外国人、過疎の周縁地域などに暮らす人たちは、民主主義や制度的福祉の範囲外に置かれてきた。いじめ、自殺、家族内殺人や幼児虐待もこの周辺で深刻である。こうした「構造的暴力」に対し、戦後民主主義を担い、権利としての年金制度を勝ち取ってきた革新政党、労働組合、知識人らやマスメディアは、極めて鈍感である。こうした戦後民主主義のリーダーだった人たちは、過去の戦争の記憶や、憲法九条改定には敏感に反応しても、現在の構造的暴力や、その根底にある既得権優先の構造には対応できていない。各種コミュニティの崩壊は、ますますこの構造を視えないものにしている。一人ひとりの人権のためにこそ、平和や民主主義があり、言論・表現の自由があるはずなのに、ジャーナリズムの意識は現実と大きくズレてしまったのではないか。学生たちと話していて、痛切にそう感じる。

二、戦後公共放送の四つの時代

ＮＨＫの社会的な位置を整理するために、戦後日本の放送環境の変化を、おおまかに「四つの時代」に分けてみる。敗戦後の「連合軍占領下の時期」を第一期、その後、戦後の基本的な放送体制の成立から、その枠組みの転換に至る八〇年代半ばまでの「相対的に制度が安定していた時期」を第二期、新自由主義のもとでの激しい報道競争と技術革新に迫られて「放送の秩序や倫理が流動しはじめた二一世紀初頭」までを第三期、アフガン・イラク戦争以降、軍事・政治・経済的グローバリズムに突入し、「政治による強いメディアコントロールと、通信との融合が進んだ現代」を第四期と仮定し、第二期を中心にデッサンしてみる。この整理はアカデミックな指標によるものではなく、報道の公共性を構成する社会的・政治的・技術的な時代環境の変化といった意味である。より正確な法制度やその歴史については、『放送法を読み解く』などに詳しい解説があり、参照していただきたい。

第一期　ＧＨＱの指導と「二本立て体制」

第一期は、敗戦による連合軍（実質的に米軍）の占領期である。ＧＨＱは日本の民主化を第一義に、占領開始と同時に「日本に与うる放送準則（ラジオコード）」を発するとともに、戦争宣伝を指導してきた逓信省の官僚を役員から排除し、四六年一月「顧問委員会（後の放送委員会）」を設置した。委員長・浜田成徳以下、かつては〝危険人物〟だった荒畑寒村、宮本百合子、滝川幸辰らを委員に任命した。同年四月、新会長・高野岩三郎は「大衆とともにあゆむ」を発表して、「国家のための放送」から抜け出す姿勢をみせた。曲がりなりにもＮＨＫは再出発した。しかしその後も、冷戦体制に向かう国際情勢、緊迫する国内の状況を背負って、道は平坦ではなかった。ＧＨＱの検閲に対する編集権の確立の闘い、四六年の読売新聞争議に連帯した闘いの中で、ＮＨＫ労組は「二一日間放送ストライキ」を決行して敗北、政府による直接管理を招いた。またＧＨＱの指令での一一九人のレッドパージなど、放送局として安定するまでには次々に荒波を越えねばならなかった。

その後も、放送行政をめぐって旧逓信省官僚たちとＧＨＱとの激しい攻防があったが、一九五〇年四月、電波三法（放送法、電波法、電波監理委員会設置法）が成立した。いったんは電波・周波数の監理は、独立行政の分野として政治権力から切り離された。また制度として、受信料による公共放送（ＮＨＫ）と広告収入による民間放送の二本立てとし、放送は「日本中であまねく受信できる」「表現の自由を守る」「民主主義の発達を促す」ことを目的とし、放送内容については「番組編集準則を定める」とされた。ＮＨＫについては、「経営委員会は国会の同意を得て、総理大臣が任命する」「予算・事業計画は電波監理委員会の意見を聞き、内閣、国会が承認する」などが定められ、現在の制度の枠組みになった。ＧＨＱの命令・主導による放送制度の基礎工事の時代であり、ＧＨＱ主導は憲法制定の過程にも共通する道程でもある。しかし、この放送制度の中には「国民主権」「視聴者・市民の権利」は具体化されなかった。

第二期「国民国家の公共放送局」としてのＮＨＫ

一九五二年のサンフランシスコ講和条約発効と独立によって、日本の外交・政治・経済が独り立ちした。公共放送ＮＨＫの第二期は、政府と政権政党に寄り添いながら、戦後復興、高度成長を担う情報・通信装置として、また主流文化の流通や世論形成の担い手として、ほぼ独占的に日本のニュース報道の中心にあった一九八〇年代半ばまでの時期である。

占領が終了すると同時に、テレビ放送開始を見越した旧逓信省の流れを汲んだ官僚や政治家らによって、独立行政の電波監理委員会は見事に消滅し、郵政省による電波監理が復活した。一九五三年、日本テレビ放送網とＮＨＫを先頭とする「テレビの時代」がやってきた。一九五七年には全国で三六局、ＮＨＫ七局に一斉に予備免許が交付された。その際、複数のメディアを兼営することの禁止など、放送の多様性、地域性を確保する条件がついた。テレビ発展史の華やかな歴史と評価を述べる余裕はないが、ＮＨＫの役割について一言でいえば、全国で免許を与えられ、「国民国家の中枢の公共放送局」としての役割を課せられたと言えるだろう。こうした諸政策をリードした田中角栄郵政大臣と郵政官僚に、放送事業者は掌握されていった。ＮＨＫの実態は、「民主主義の発達」をめざした放送局だとは到底言えなかったが、冷戦対立を煽るためのイデオロギー装置でもなかった。政府に寄り添った、穏やかな保守的放送局である。

戦後、新聞や雑誌が圧倒的にリードする報道や論評と、映画や芝居が占領している娯楽のはざまに、テレビはベンチャー産業として生まれた。テレビは国民に認知されるまでに苦闘を重ね、独自の表現形式を試行錯誤した。一方で〝一億総白痴化（大宅壮一）〟と罵られながらも、他方で優れたドキュメンタリーを生み出した。例えば一九五七年に生まれたドキュメンタリー番組『日本の素顔』（ＮＨＫ）は、安保もヤクザも、炭鉱の中も水俣病も、それまで日本人が知らなかった日本人の素顔を描き出した。五八年開始の『20世紀』（ＮＴＶ）、五九年『地域ニュース』（ＮＨＫ）、五九年『兼高かおる世界飛び歩き』（ＴＢＳ）などによって、ようやくテレビが新聞や映画に頼らず、自前で地域と世界を取材する余裕ができたのである。一九五九年、皇太子の結婚パレード中継をてこに受信機は大幅に普及し、テレビの広告収入はラジオを上回る。また、この年「番組基準の制定」「番組審議会設置」「番組間の調和」が法制化され、ＮＨＫにローカル放送、国際放送の拡充を義務付けた。こうした一連の政策によって、テレビ事業に対する基本的な法制化や倫理など公共性の一定の枠組みが整えられていった。

東京オリンピック（六四年）でのカラー化の成功、七〇年代半ばのＥＮＧ（小型取材カメラ）による取材の実現などを背景に、テレビは独創的な報道スタイルを開発していった。事件・事故現場からの生中継やレポートを活かしたニュース、タレントがスタジオで番組を進めるワイドショー、当事者・現場にカメラが密着取材したドキュメンタリー番組などである。ＮＨＫの『日本の素顔』、『現代の映像』をはじめ、ＮＴＶ『ノンフィクション劇場』、ＴＢＳ『カメラルポルタージュ』、フジ『ドキュメンタリー劇場』など、さまざまな演出のドキュメンタリーは、映像の特性を活かした新しいタイプのジャーナリズムになった。さらに、アメリカをモデルにしたキャスターニュースが各局で試みられ、まず六二年にＴＢＳ『ニュースコープ』で成功し、ＮＥＴ『木島則夫モーニングショー』、ＮＨＫ『スタジオ１０２』、テレビ朝日『アフタヌーンショー』、ＮＴＶ『11ＰＭ』などが続々と始まった。

政治の季節でもニュースは傍流

六〇年安保の混乱期を経て、日本は長期の高度成長期に入り、国土の徹底的な開発、大規模コンビナートの育成、大量生産・大量消費社会への転換などで、〝奇跡の成長〟への道をひた走る。広告費や受信料も急カーブで成長した。重化学産業の急速な育成は、深刻な公害、農山村の過疎、都市部の過密状態などを生み出し、全国で公害反対運動、消費者運動、大学改革運動などさまざまな運動が起こった。

次第に激しさを増す冷戦の中、ベトナム戦争や海外への経済進出と摩擦をめぐる論争が高まり、テレビジャーナリズムは政治と真っ向から向き合うことになる。

六五年五月に放送されたＮＴＶの『南ベトナム海兵大隊戦記』に対し、アメリカに慮り画面が残酷だとする政府の要請で、第二部・第三部は中止に追い込まれた。同年八月、東京12チャンネル（現・テレビ東京）の討論番組『戦争と平和を考えるティーチ・イン』が、放送途中で打ち切られ、さらにＴＢＳのニュース番組『ニュースコープ』からの田英夫キャスターの降板、成田空港建設の問題を扱った『成田24時』の放送中止事件（六八年）、博多駅事件裁判でのＮＨＫ福岡局など四局に対するフィルム提出命令（六九年）など、テレビジャーナリズムは政治に激しく翻弄されつづけた。こうした「政治のテレビジャーナリズムへの介入」に対して、それぞれの局の労働組合や識者たちが批判運動を展開し、スポンサーや政治家とテレビ局の癒着を批判したものの、根本的なジャーナリズムの権利確立、権力からの独立にはつながらなかった。ＮＨＫはじめ日本の放送ジャーナリズムは、しばしばイギリスＢＢＣの放送倫理や経営をモデルとし、アメリカのベトナム報道などにみられるジャーナリズム性を「願望的な規範」にしていたが、そのような近代合理性やメディア民主主義は、日本には制度として未だに根付いていない。放送局の労働組合自身も、ついに企業の立場から抜けきれなかったのである。

象徴的に言えば工業化社会の形成を終える八〇年代半ばまで、深刻な公害問題や二度のオイルショック、農村の崩壊と都市過密問題なども深刻だったにもかかわらず、社会問題・政治問題はテレビや視聴者の主要な関心事にはならなかった。ニュースはテレビの主力商品ではなく、番組編成の隅っこに置かれ続けた。八五年にテレビ朝日が斬新な演出と久米宏のキャスタートークによる『ニュースステーション』を立ち上げるまで、民放テレビのゴールデンタイムはドラマ、バラエティ、音楽ショーで埋められていた。もちろんドラマやバラエティ、あるいはコマーシャルにも大きな公共性はあるが、社会全体に影響が及ぶ政治的なテーマは、避けられていたのである。

「みなさまのＮＨＫ」への暗黙の支持

ＮＨＫ受信料は国会承認が必要であり、そのためには自民党の支持が不可欠だ。エリス・クラウスが膨大な調査と資料によって精密に立証したように（『ＮＨＫ vs 日本政治』）、「自民党を敵に回さず、それでいて自民党に与していると疑われないような中立的な報道」「敵を作らないような、『客観的な事実』中心のニュース、官僚の姿を忠実に描いたニュース」をめざした。そうした〝客観的ニュース〟を保障するのが、記者クラブでの官庁発表に基づくニュースと、政権との関係を損なわないよう設計された編集プロセスだった。ＮＨＫの政治ニュースは、一貫して政権の補完装置であり、政府の広報装置の一部だった。ＮＨＫの政権への忖度・迎合というスタンスは、近年急に始まったわけではなく、この相対的な安定期を通じて深く制度化していたし、政治的・経済的な独立が貫かれていたとは到底言いがたい。しかし視聴者・市民もそれに知らぬふりをしていても、決定的な問題にはならなかったところは、自衛隊の存在にも似ているだろう。

長期にわたる経済の安定期を通して、物価の上昇に合わせて受信料は繰り返し値上げされた。予算・

決算は国会の総務委員会で審議され、与野党から多くの注文が付き、新しい番組や技術の開発、経営合理化などの条件が付くことで、視聴者・国民の多くは〝納得〟してきた。「ニュース・報道と番組の安定した諸形式」「報道における権力とのスタンス、諸勢力とのバランス」「受信料制度というビジネスモデル」などの微妙なバランスが、国民国家の公共放送としてのＮＨＫ、共同幻想としてのＮＨＫを支え続けていた。政治的ニュース以外の報道番組や教養番組では、独創的、個性的なドキュメンタリーが作られてきたことも事実だし（第２章参照）、「大河ドラマ」や「紅白歌合戦」など多くの国民的娯楽番組が人気があったことも、「みなさまのＮＨＫ」が成立する基盤だっただろう。

第三期　際限なき競争のブラックホールへ

八〇年代半ば、冷戦とドル基軸体制を中心とする相対的な安定期が終わりを告げ、サッチャリズム、レーガノミクスに主導された新自由主義・新保守主義が世界を再編し始める。さらに電子技術や衛星中継技術などの飛躍的な発展、グローバル化も加わって、ニュースの伝達が劇的に変貌していく。フィリピンのアキノ革命（八六年）、ソウル・オリンピック（八八年）、天安門事件やベルリンの壁崩壊（八九年）がナマ中継される。技術的・時間的な制約から、これまでニュースにならなかった事象が商品価値を持ち始める。ＮＨＫは『ニュースセンター９時』（七四年）、『ＮＣ９』（八三年）などによって、スタジオ形式のニュース番組を開発していたが、『ニューステーション』（テレビ朝日、八五年）、『朝まで生テレビ！』（同、八七年）が参入して激しい報道競争に突入する中で、従来の放送世界の秩序や倫理が流動しはじめる。「グリコ森永事件」や「ロス疑惑事件」に代表される報道競争（第1章）は、過剰な演出や報道被害などを頻発させ、公正な報道、事実の裏付け、人権の尊重など、これまでのジャーナリズムを規律してきた倫理はしばしば吹き飛ばされ、衰弱していった。社会的情報やニュースが急速に商品化され、放送法が峻別している「ニュースと広告の境界」も消えていった。少数の人間にとって重要であっても、商品価値のない情報は切り捨てられる。プラザ合意以降の規制緩和、内需拡大の流れは、メディア制作現場の仕事やその規範、倫理、人間関係を掘り崩していく。相次ぐテレビのやらせや人権侵害に対し、さまざまな警告や法的規制が検討され、一九九七年、ＮＨＫと民放連は「放送と人権等権利に関する委員会機構」（ＢＲＯ。現ＢＰＯ）の設立に追い込まれた。

情報・通信・放送などがグローバル化する一方で、地域行政では、新たな技術やメディアによるさまざまな実験も行われていった。「ニューメディア元年」と言われた一九八四年前後から、キャプテンシステム、文字放送、ＦＡＸ、パソコン通信、ケーブルテレビなどを使った「地域情報化」が、中央省庁別に全国の自治体を対象に爆発的に試みられた。上からの情報化政策は、一部を除き成功しなかったが、地域に新たな市場を見出したメーカーや通信事業者が、地方自治体、消防、学校、病院などに群がった。ケーブルテレビや、超短波無線でのテレビやラジオ（ＦＭ放送）も新しく開発され、さまざまに応用され始めた。一九八五年、国営事業だった通信・電話が民営化され、この通信自由化によって通信事業や一連の関連事業間の競争が促進された。九二年には、小さな出力によるコミュニティＦＭ放送局が制度化され、阪神・淡路大震災をはじめとする災害対策や、地域おこしに活用され始めた（第10章・12章参照)。情報やメディアの多元化は、もっぱら新聞や放送に任されていた公共的情報のパイプを、多様なものにしていった。

第四期　グローバル化と公共性の構造的変容

二〇〇一年の「9・11」事件と、それに続くアフガン・イラク戦争以降、アメリカを先頭とする世界は、軍事的にも、政治・経済的にも急速にグローバリズムに突入していき、メディアを強くコントロールし始めた。〇三年、イラクでのアメリカによる地上戦では、すべてのジャーナリストは米軍と同行する「エンベッド報道」を強制される。日本では武力攻撃事態法が成立し、テレビは有事の「指定公共機関」にされ、ジャーナリズムの独立は吹き飛んでしまった。翌年の自衛隊イラク派遣では、現地取材は極度に制限され、七月の参院選で、自民党は報道各社に「政治的公平・公正が疑われる番組があった」とする文書を多数送りつけて威嚇するなど、〝戦時報道〟の色彩が強くなった。

NHKでは、〇四年受信料使い込み問題など一連の不祥事が発覚。加えて〇五年には、番組「問われる戦時性暴力」(『ETV2001』「シリーズ　戦争をどう裁くか」〇一年一月放送)に対する安倍官房副長官の政治介入とカット問題が再燃して、深刻な受信料不払いが激増し、海老沢会長が辞任に追い込まれた。BPOは「NHKは自主自律を守り、番組の質の確保に努めよ」との意見書を出すに至る(〇九年)。〇七年、関西テレビ『発掘！　あるある大事典Ⅱ』でのねつ造問題は、放送法改正(一〇年)での規制強化の引き金になった。

〇九年に政権交代した民主党は、マニフェストに「放送・通信行政を独立行政委員会に移すこと」を掲げたものの、政権運営に失敗してこの政策はまもなく消滅してしまった。その後政権に復帰した自民党は、一三年、特定秘密保護法の制定、ＮＨＫ経営委員や会長人事の操作、一四年に集団的自衛権の行使容認の閣議決定、そして一五年の一連の安保法制制定に至る。この過程で、政権はしばしばＮＨＫや民放、新聞に警告・威嚇したり、巧妙に選別して情報を提供してメディアを翻弄してきた。これに対し、ＮＨＫや保守系新聞は、権力への忖度や自己規制によって、ジャーナリズムとしての倫理規範を見失い、公共放送としての社会的な付託に十分には応えられなくなりつつある。

他方、〇三年に日本で初めてのＮＰＯが免許を受けた放送局「京都コミュニティ放送」が生まれ、各地へ徐々に広がってきた。日本でも世界でも、ネットを利用した情報の交換やコミュニケーションが進み、既存の大放送局の役割や視聴者・市民からの信頼は、次第に縮小しつつあるのではないだろうか。

三、放送メディアの公共性回復に向けて

メディア公共圏は代理者が占領している

ここでマスメディアと市民の関係を明らかにするため、「マスメディアの発信機能」と、「一般の生活当事者・被取材者の発信機能」と比較してみる。〈当事者（性）／代理者（性）〉と〈マイノリティ／マ

ジョリティ〉という二つの座標軸でごく単純に次頁に図式化する。ここでいうマイノリティ／マジョリティは、特に差別構造や社会思想を指すものでなく物理的な少数者の意味である。表現・伝達する主体とその対象が少数（マイノリティ）で、当事者性の強いソーシャル・メディアや固定メンバー間の会報などで発信する領域を左上に置き、逆のマスメディアやインターネットなどで、不特定多数を対象に発信する表現・伝達領域を右下に置いてみる。中間にコミュニティFMやケーブルテレビ、広報誌などの「コミュニティのメディア」があると仮定する。

社会の主体である市民・住民などの当事者は、多数の人々に伝えるメディア制度（網掛け部分）から排除されており、マジョリティに発信するには、ネットを使うか、マスメディアにアクセスする以外に社会的に発言しにくい。つまり通常〈言論・表現の公共圏〉とされているものは、ジャーナリストなど「代理者によって、メディア市場に発信された表現」である。マスメディアに頼らず不特定多数に発信しようとすれば、デモやビラで知らせることもできるが、日本ではそれは政治的に制限される場合も多い。公園や駅は、明らかに市民・住民の公共圏なのだが、近年、相次ぐ「ビラ配布有罪事件」[*3]など管理者に言論・表現活動が制限されるようになってきた。〈多数〉〈代理者〉〈既得権〉に象徴される人たちによる現在の「言論・表現の公共圏」は、政治／経済／文化に容易に関われる人たちや支配層の〈密かな親密圏〉にすりかえられていないだろうか。政権の恣意的な指示に従う最近のＮＨＫニュースはまさにその典型だろう。

誰もが自分の生きている現実世界の当事者であり、「客観報道」を自称するジャーナリストといえど

報道する代理者と生活当事者

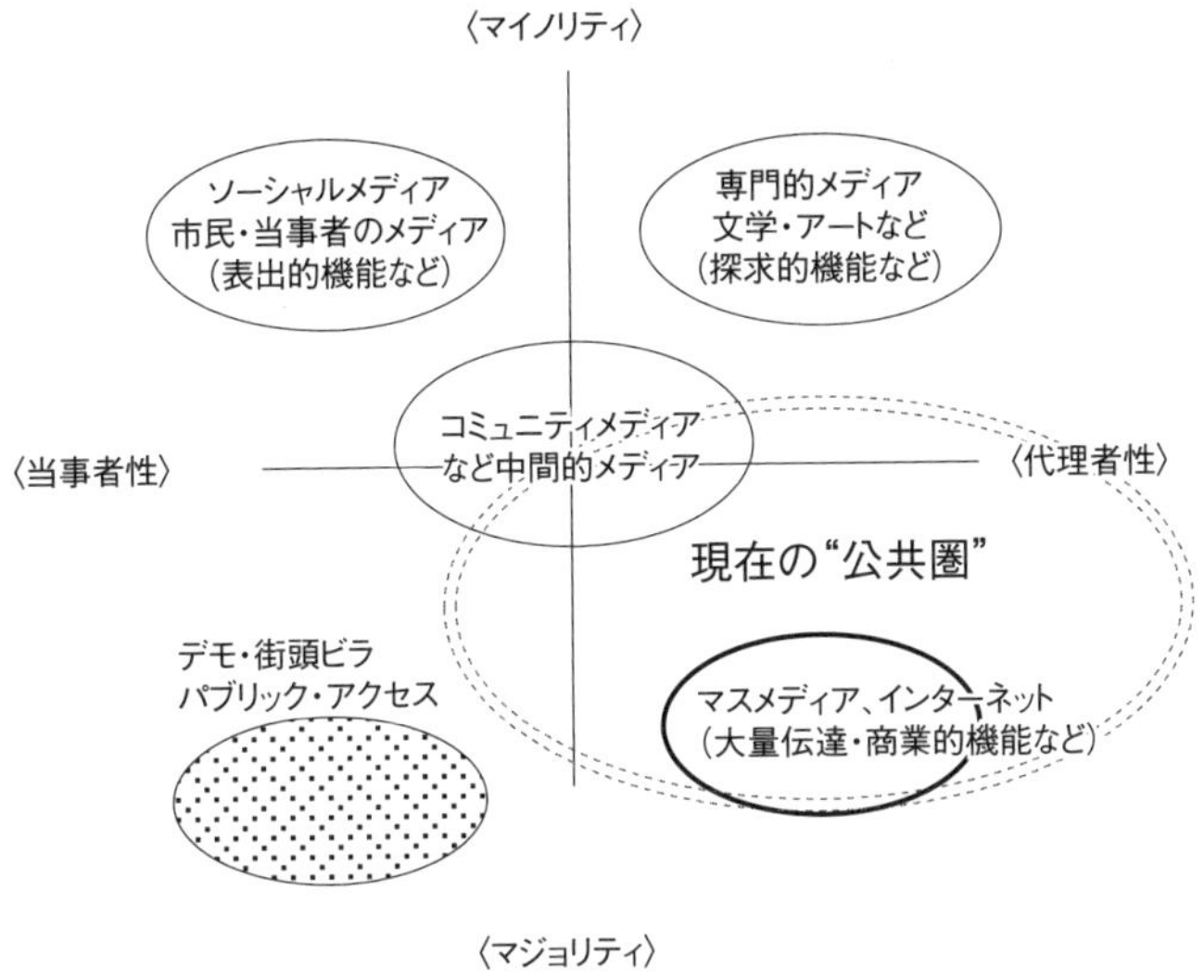

も、個人生活上でも政治的立場からも当事者であることを逃れようがない。それだけではなく、「客観的第三者・代理者」という外装で取材・報道にあたり、一定の価値観で編集された情報を社会に流すという政治的立場性、文化的立場性において、十分な当事者である。ジャーナリズムが頻繁に使う「客観報道」という言葉の実態や規範は、普遍的に成立しないことはすでに十分実証されている。[*4] もとより「客観報道という一般的規範が存在しないこと」と、代理者であれ当事者であれ、報道倫理として「多様な事実を公平・正確に追求しようと努力すること」は別の次元の問題だ。

そして近年、〈地域的なコミュニティ〉と〈独自文化をもつ人たちのコミュニティ〉の二つの範疇の当事者を中心に、コミュニティ・メディア、ＳＮＳが広がってきたことは、述べてきた通りだ。コミュニティをつくる上で、制度的にも、教育的にも、世界中でこうしたメディアに対する支援制度が整えられてきているが、日本は社会主義圏、イスラム圏と共にほとんど意識されてもいないし、制度化もされていない。*5

メディア法制のダブルスタンダード

これまでの電波・通信政策は、技術革新に伴う新しい周波数割り当てやニューメディアの開発などにあたって、たえず既得権をもつ放送事業者、新聞社、通信事業者、そのハードを担う電機メーカーを中心に立案され、その中間で郵政・総務官僚や郵政族議員が政治調整しながら利権を分け合ってきた。また多くの省庁が自治体を巻き込んできた数多くの「地域情報化政策」やその装備、警察・軍事・産業用の無線・通信の利権も巨大なものだ。さらに近年、携帯電話やスマホの普及に対する周波数配分や料金負担の不公平も甚だしい。*6

もう一つ大きな問題は、全国の学校で装備される膨大な電子機器とそのソフトを開発・販売・更新する電機・通信産業の莫大な利権の行方と、現場のメディア教育である。学校現場で行われる「メディア教育」は、子どもどうしのつながりや社会的な連帯を作るものではなく、情報機器の操作に限った偏ったものになっている。「学校裏サイト」によるいじめや自殺の問題、ＬＩＮＥにくたびれた「ライン自殺」、生徒・学生たちの対話能力が急速に失われていることなど、コミュニケーション能力の喪失や孤立化が、差し迫った状況になっている。デジタルメディアが子ども一人ひとりの心身に与える影響、人間関係に及ぼす影響や功罪などを考えるコミュニケーション教育、メディアリテラシー教育が焦眉の課題だ。子どもに限らず、コミュニティの崩壊、格差の拡大は現代人を孤立させ、社会的弱者が地域のつながりやコミュニケーションから取り残されている。スマホや先端情報機器が繁殖し、情報産業だけが栄える。通信・メディア行政が、一部の産業や政治家の野心に振り回され、基礎的な社会関係を崩していることこそが大問題だろう。

現在の独占的放送状況から、基本的人権を尊重するマスメディアや、市民参加型の民主的なメディアが果たして生まれるだろうか？　放送法第一条には「健全な民主主義の発達に資する」という文言はあるが、それは「放送に携わる者」つまり放送事業者の職責、権利と義務を定めたものであって、「市民・視聴者の権利」を保障する条項はどこにもない。市民・視聴者こそが「言論・表現の自由と権利」「コミュニケーションの自由と権利」の主体であるはずなのに。社会成員のコミュニケーションの権利を保障し、相互理解やエンパワーを促す国際社会共通の通信法、コミュニケーション法の原則は、日本では基本的に無視されている。まずはこの明らかなダブルスタンダードを、市民本位に改革すべきだろう。

言論・表現の自由は、メディア事業者や職業的ジャーナリストに与えられたものだという意識を持つ人たちは、メディアＯＢ・ＯＧや政治家、官僚、年配者らにはまだまだ多い。企業ジャーナリストの言説に特権性が漂っているのは、言論・表現の自由や人権を奪われている人たちへの無理解、若い世代への無関心などによるものだろう。政治権力に迎合・忖度して偏ったニュースを出しているＮＨＫ編集幹部や会長は、放送法の根本精神を逸脱しているとぼくは思うが、一応は合法的な存在である。この歪みをただすには放送法を改め、ＮＨＫ経営委員会委員とその任命権者である首相・国会の責任を明確にし、経営委員と会長の選出の過程を透明化すべきだろう。また免許交付申請の契約で、ＮＨＫの責任を問う選択もあるだろう。根本的には、放送法を抜本改正するだけでなく、市民・視聴者の「コミュニケーションの権利を保障する基本法」を作るべきではないだろうか。

公共的な通信・メディア行政の課題

日本の通信・メディア行政に基本的な公共性を回復するには、どのような方策が必要だろうか。箇条書きで堅苦しいが、ぼくの提案は以下の通りだ。

（1）基本的に「通信・放送事業者の権利・義務」を定めたビジネス法である現在の通信・メディア政策を、「国際人権規約十九条[*7]」に基づき、情報主体・生活主体である「市民・国民の権利・義務」を中心に制度化し、それによって社会のすべての成員が、言論・表現の自由、コミュニケーションと情報の自由を享受できるようにすること。

（2）情報・メディア資源の配分がどのように行われているか、どこに基本的な課題があるかの総合的な調査をし、今後の展望を明らかにすること。

（3）世界の主要国と同様、通信・メディア行政、電波監理に関する独立行政委員会を設置して、政治的介入を排除すること。通信・放送の倫理と苦情処理はＢＰＯに任せること。

（4）独立行政委員会は政府に対してではなく、議会に対して責任を負うこと。

（5）独立行政委員、NHK経営委員、NHK会長の選出基準、選出方法、電波・情報監理の基準を透明にし、市民・国民が参加できる制度にすること。
（6）総務省は、国際社会、地域社会、将来的課題を見据えた通信・メディアの根本的行政改革をすること。通信・放送事業者に対する行き過ぎた管理や、天下り癒着関係を断ち切り、関連事業者との責任あるパートナーシップの関係を築くこと。
（7）放送政策は、従来の「公共放送と民間放送の二元体制」から、「公共放送とコミュニティ放送と民間放送の三元体制」に改革すること。コミュニティ放送とは、地域的なコミュニティ、少数文化のコミュニティなど、マスメディアがカバーできないテーマを扱う放送である。（EUやカナダ、韓国などの規定が参考になる[*8]）。
（8）コミュニティ放送は、コミュニティを理解できる機関が監理にあたること。地域コミュニティ放送の監理は、都道府県もしくは広域行政単位での委員会、少数文化のコミュニティ放送では文化的な価値を理解する委員会が担当すること。（イギリスやカナダのコミュニティ放送政策が参考になる[*9]）。
（9）民間放送でのスポンサーのない公共的番組（サスプロ番組）や、コミュニティ・メディアにおける非営利の放送局、公共的番組、独立プロや独立アーティスト、各種のアーカイブスなどを支援・保護すること。
（10）受信料の性格をNHKの財源としてだけではなく、多様な公共放送・公共メディアを保障し、言語・文化・映像遺産を保護し、メディア教育を発展させる財源とするよう見直し、その財源とすること。

(11) コンピュータ技術教育に偏った現在の情報・メディア教育を改革し、コミュニケーションの総合的能力が習得できるよう、教育課程を体系的に見直すこと。

以上の基本政策に関連して、さらに以下のような具体的な改善も必要だ。

(1) 官庁に設置されている記者室・記者クラブの改革・開放を進めること。一般市民が発表できるクラブを設置すること。

(2) 地域メディア・公共メディアには、市民・住民・NPOが参加できるパブリック・アクセスのスペースや発信欄を設け、設備やスタッフを財政的に支援すること。

(3) 市民・NPOの情報発信をトレーニングし、メディアとつなぐ「アクセスセンター」を各地に設置すること。各地域の放送局や図書館を拠点とすることも考えられる。拠点施設とスタッフなしでは、市民参加は成功しない。(アメリカやドイツ、韓国のアクセスセンターについては、＊5に詳しい)。

(4) 文化遺産的な記事・映像・情報を系統的に保存し、誰もが活用できるようにするため、基盤的なアーカイブスを設置し、公開すること。著作権法を商業主義からだけでなく、公益的・文化的な利便性からも見直すこと。

(5) 情報・メディア支援財団を設立すること。(放送文化基金など既存財団の根本的拡充やジャーナリズム財団設置など。アメリカでのピュー財団、ベントン財団なども一つのモデルになると思われる)。

コミュニケーション基本法を

現在の日本人、特に若者や社会的な弱者が、互いに関心を失い対話することが極めて難しくなっている中で、既存の公共圏の弱点を突破しながら、市民メディアが輩出されつつあるといえる。諸外国でのパブリック・アクセスはもちろん、日本でも阪神・淡路大震災や東日本大震災を契機とする臨時災害放送局や、限界集落の中からコミュニティ・メディアが次々に生まれ、新たな公共性による言論・表現の場を創りはじめている。

繰り返すが、新たなコミュニティ・メディアの第一の意義は、当事者自身が自分の物語を自分で語り直すこと、代理者に作られてきた歴史の再編集である。マスメディアを中心的な舞台としてきた報道の代理人たちが、既存の政治・社会システムや視聴率などの市場の論理を前提として表現・伝達してきた物語を、自分たちで編み直すことが、一人ひとりのアイデンティティの回復、コミュニティ再生の第一歩になる。

コミュニティ・メディアを創造する第二の意義は、市民・住民が互いに会話・インタビューしたり、撮影することを通して、当事者どうしがつながり、互いの関係を結び直したり、自分自身を再発見することだ。協働で作品を作る中で、台本の作成、編集、上映などすべてを通して、互いの関係性が新たに生まれてくるのは、とても発見的、感動的なプロセスだ。不思議なことにカメラやマイクという媒体を通すと、双方が自分や関係を捉え直し、対象化し、そのことで新たな〈主体が現れる〉〈関係が開かれる〉ことが多い。それはさまざまな市民メディア映像祭に立ち会って痛感してきた。

第三の意義は、コミュニティ・メディアは地域社会への関心を高め、住民どうしのつながりやネットワークを強化する、まちづくりにつながるという点である。第四に、ナショナルな課題についても、地域レベルからのさまざまな考え方や感じ方が反映され、番組に多様性をもたらすことは何回かの調査で裏付けられている（第10章参照）。第五に、そうしたプロセスの総合によって、生活当事者中心のコミュニケーション・システム、メディア・システムが生み出され、当事者による共同的アイデンティティの回復の可能性が高まるということだろう。歴史の主体、地域の主体としての市民・住民が自然に登場できる広場や公共の空間が生まれてくるということである。

市民のメディア公共圏への参加は、もとより言論・表現での直接的な参加制度だけではない。公共放送ＮＨＫの経営を民主化する運動や、電波・通信行政を民主化する運動も重要なものだ。それはメディアや情報制度の改革にとどまらず、司法・立法・行政全体の市民主権的な回復をも含んでいるだろう。閉鎖的なメディア状況の根本的な改革を、「放送法を守れ」とか「（メディアの）報道の自由を守れ」という、古い既得権の枠組みを前提とした業界改革だけにおさめてはならない。社会／世界を覆いつくし、社会的弱者へ集中的に押し寄せる構造的暴力の実態を直視・共有し、協働的市民社会を創ることが、現代的で、国際的な要請だろう。根本的に必要なのは、言論・表現の自由をも包括する、より根底的な「コミュニケーションの自由と権利」であり、その法的・制度的な保障だ。国際人権規約にあるように、基本的な社会権として、すべての者が「干渉されることなく意見を持つ権利」「表現の自由についての権利」「あらゆる種類の情報及び考えを求め、受け及び伝える自由」をもつことを、世界史はその膨大な犠牲によって、からくも合意してきた。

これはマスメディアの所有者に保障された権利ではなく、市民一人ひとりが持つ権利である。マスメディアという装置は、社会のすべての成員の「相互理解」や「コミュニケーション」のために使われる公共財だ。誰もが、特に当事者市民が自由に表現・発信できる空間を作り出すこと、コミュニケーションや相互理解を保障する公共メディアを作り出すことが求められているのではないか。ろう者が手話言語を取り戻したように。シマッチュがシマクチを取り戻したように。国連・障害者の権利条約（二〇〇六）が「我々を抜きにして我々のことを語るな」と宣言したように。

注

＊１　放送法第四条。「放送事業者は、国内放送及び内外放送の放送番組の編集に当たっては、次の各号の定めるところによらなければならない。一、公安及び善良な風俗を害しないこと。二、政治的に公平であること。三、報道は事実をまげないですること。四、意見が対立している問題については、できるだけ多くの角度から論点を明らかにすること」

＊２　ユルゲン・ハーバーマス、細谷貞雄・山田正行訳『第二版　公共性の構造転換——市民社会のカテゴリーについての探究』未来社、一九九四年。

＊３　立川市の反戦ビラ配布事件（二〇〇四年）や葛飾区の政党ビラ配布事件（二〇一四年）での有罪確定など。

＊４　客観報道の評価では『新聞研究』での一九八六〜八七年の一連の論争記事や、鶴木真『客観報道』（成文

堂、一九九九）、中正樹『「客観報道」とは何か』（新泉社、二〇〇六）に論点が整理されている。
＊5　金山勉・津田正夫編『ネット時代のパブリック・アクセス』（世界思想社、二〇一一年）、松浦さと子・川島隆編著『コミュニティメディアの未来——新しい声を伝える経路』（晃洋書房、二〇一〇年）などに詳しい。
＊6　池田信夫『電波利権』（新潮新書、二〇〇六年）に詳しい。
＊7　国際人権規約第十九条。「一、すべての者は、干渉されることなく意見を持つ権利を有する。二、すべての者は、表現の自由についての権利を有する。この権利には、口頭、手書き若しくは印刷、芸術の形態又は自ら選択する他の方法により、国境とのかかわりなく、あらゆる種類の情報及び考えを求め、受け及び伝える自由を含む」
＊8　金山・津田編前掲書の各章を参照のこと。
＊9　金山・津田編前掲書、松浦・川島前掲書のほか、松浦さと子『英国コミュニティメディアの現在——「複占」に抗う第三の声』（書肆クラルテ、二〇一二年）が参考になる。

あとがき

欲張りなメディアDNAのようなものが、ぼくの中に棲みついているようで、今年（二〇一六年）四月から、岐阜市のコミュニティFM放送局「FMわっち」の電波を借りて、仲間たちと「てにておラジオ」という、手作りの小さな放送局をスタートさせた。国内初のNPOラジオ局「ラジオ・カフェ（京都）」のコンセプトに学んだ「市民による市民のための放送局」というコピーで売り出し中で、毎日忙しい。

岐阜市の中心部に、市立図書館をコアにする「メディアコスモス」という巨大複合施設（伊藤豊雄設計事務所）が去年夏オープンしたのだが、その中の仮設スタジオで、一年近くミニFMによる実験放送を重ね、本放送にこぎつけた。ここで公開収録したさまざまな市民による手作り番組は、再放送を含めて毎週二時間、岐阜県南部（可聴人口一〇〇万人）へ放送される。会員は、一般市民や学生、主婦、団体職員、教員などさまざまで、それぞれ一四分単位の番組を企画・放送する。「くらしの中の小さな声を発信し、多様な文化を表現・交流するメディアをめざす」「くらしの安全や民主主義の実現をめざす」という設立の理念に賛同し、国際人権規約十九条（コミュニケーションと表現の権利）、日本国憲法二十一条（言論・表現の自由）を守り、一口千円の会費を払えば誰でも参加できる。

放送されている番組テーマは、例えば以下のようだ。岐阜の近代を生きた無名の女性歌人が、戦争や貧しさを見つめた歌を発掘するシリーズ「岐阜の女性歌人たち」、ボランティアの通訳ガイドたちの国際交流を語り合う「GGGホットトピックス」、ペットたちとの豊かな共和国をめざして動物や人間の環境に鋭く迫る「neco neco radio」、ユニークなNPOの活動を紹介する「NPOバスケット」、一八歳選挙権から家族制度、平和条項まで憲法に関わるさまざまなポイントを学生と教師が語り合う「やさしさ発見！けんぽう探検！」、発達障害の子どもたちに寄り添い育てる「ぎふの森学園から」、新聞記事をネタに親子で政治も語り合う新しいコーヒーブレーク「リビングラジオ」、地元の絵本作家・高畠純さんが語る絵本の描き方・楽しみ方「絵本の仲間たち」などなど、番組は多彩だ。子どもたちへの読み聞かせ番組や、フラメンコ愛好グループのダンスが始まると、スタジオの周囲は観客でいっぱいになる。この「てにておラジオ」は、内なるDNAに導かれて公共放送のあり方を訪ね歩いてきたぼくのささやかな一つの答えでもある。

好奇心が強くなかなかやっかいなこのメディアDNAは、どこで発生したのだろうか。ぼくは、保守思想の強い地方都市・金沢で生まれ育った。歯科医だった父は、たまたま東京で「三月十日大空襲」を逃げ延びて、「半地下の防空壕は危険だ」と漏らしたことから、戦時中の配給物資を減らされた。憲兵が路地裏まで、密告のネットワークを張り巡らせていた。軍部の情報統制に強い批判をもっていた父は、戦後町内会長になって、蒟蒻版《こんにゃくばん》という簡易コピー機を使って、可能な限り情報を公開した。父はカメラ、幻灯機などメディアが大好きだったので、ここら辺のDNAを受け継いだのかもしれない。あるときNHKの『三つの歌』という音楽クイズ番組に一家で出演した。名物司会者・宮田輝アナが番組の最後に、父に「お仕事は何ですか?」と尋ね、父が「歯医者です」と答えると、すかさず「私もシカイシャです。同じですね」と応じて、父はいたく感激した。宮仕えをしてはならない、というのが反骨の父の信念だったが、この時から「NHKは例外」に格上げされた。

子どもの頃は、いつも箪笥の上に鎮座するラジオに齧りついていた。ニュースはもとより『尋ね人の時間』、落語・講談、歌謡曲や長唄、『鐘の鳴る丘』『笛吹童子』『君の名は』まで何でも聴いた。当時、敗戦から立ち上がり、新しい社会を創るためのあらゆる情報や娯楽を、ほとんどの国民はラジオから得ており、『日曜娯楽版』『街頭録音』など、政府を鋭く風刺する番組も人気だった。ロサンゼルスでの全米水泳選手権（一九四九年）で、世界記録を次々と塗り替え「フジヤマのトビウオ」と呼ばれたアスリート・古橋廣之進の実況放送では、日本中が手に汗を握った。NHKは敗戦国・日本が、「国民国家として」（「民主主義国家として」ではない）、再建される過程での、不可欠のメディア公共圏だった。

中学・高校時代を過ごした新聞部は、授業よりはるかに面白かった。日米安保など、授業ではタブーの政治的テーマも、部活なら堂々と記事にできた。一九六二年、京都で大学生になって、「日本学生報道連盟（学報連）」という放送サークルに加わった。学報連は、全国の民放でラジオ番組を制作・放送する団体で、卒業生はあちこちの放送局に就職できた。学生運動の左傾化に危機感を持ったアメリカのアジア財団がスポンサーになり、〝健全な学生〟を育成しようとしていたのだった。ぼくたち京都支部は、近畿放送（現・KBS京都）で『学生雑記帳』という毎週一五分の番組を作らせてもらった。タブーだったドヤ街での売血、創価学会の折伏《しゃくぶく》、米軍基地の一端も自分たちで取材することができ、ぼくの世界はみるみる開けていった。合宿には、放送中止に追い込まれた『ベトナム海兵大隊戦記』を作った日本テレビの牛山純一プロデューサーを招いて、徹夜で議論した。テレビ以上に未来的な仕事は考えられず、メディアDNAは体内に漲り、ぼくはテレビ局をめざした。

NHKの現場は、何から何まで刺激的な世界だった。内外の権力とのきわどい境界や吃水線を、したたかな手練手管で闘い抜いている何人もの先輩にも、多くの勇気をもらってきた。一方、カルチャーショックというべきひどい現実も数多く体験した。東京勤務の頃、総選挙の開票作業中に自民党候補者の「当確（当選確実）」情報が入るたびに、放送センター政治部のコーナーから、聞こえよがしの拍手が起きる（対抗的に逆の現象も起きる）。なんだこれは？ プロ野球・巨人の〝負けが込んでくる〟と政治部デスクが、「困ったな…何とかしなくちゃな～」とワケの分からないことを会議で口走る！ 公平であるはずの国会中継でも、野党の質問時間なら適当に切り上げるとか、信じがたい不公平もまかり通っていた。これが公共放送か？ こんなことがあっていいのか？ たまげることがしょっちゅうだった。敬愛する大先輩・原寿雄さん（元・共同通信編集主幹）に愚痴ると、「オカシイと思ったら、どんなことでも記録しておかなくてはいけない」と叱咤され、ぼくは慢性的睡眠不足と不整脈の中で、こうしたドロドロの現場のメモを記しつづけてきた。しかし政治と出世と功名心が渦巻く現場の実情を、系統的に抽象化、理論化することは極めて難しい。今も、さまざまな事情と能力不足で、多くのことを書くことができない。

冷戦が終わって世界が多少明るく感じられた頃、同志たちと語り合い、溜めこんだ「ジャーナリズム業界への違和感」と「メディアの責任が問われるべきあれこれ」を、現代書館から『テレビジャーナリズムの現在――市民との共生は可能か』と題して、出してもらった。この本の前編に当たるかもしれない。その最終章「視聴者と共生するテレビへ」を寄稿してくれた故・新井直之さん（元共同通信）は、「ジャーナリズムとは、いま、伝えなければならないことを、いま、伝え、いま言わなくてはならないことを、いま、言う行為だ」と直言された。この言葉に励まされ、社内での処分を覚悟し、清水の舞台から飛び降りる気分での出版だった。しかし、これを読んだ「市民とメディアフォーラム・ＦＴＣ（現・メディアリテラシー研究所）」のＴさんから、「いい本だけど、市民がどこにも出てこないわね！」と、鋭く突っ込まれてしまった。ぼくは顔から火が出た。

メディアリテラシーという側面から言えば、もう一つ、東大・情報学環の水越伸さんが率いておられた研究集団「メル・プロジェクト」で、「メディアリテラシー研究を深めるには、メディア生産現場の研究が不可欠だ」、といった意味の指摘をされていたのが深く印象に残っている。現場の一端を知るぼくは、いつかそこを書く責任があると思いながら、果たせなかったという思いもある。

一九九五年、阪神・淡路大震災をきっかけに日本人のボランティア精神に火が点き、情報・メディアの世界でも、ＦＭ放送、パソコン通信、ケーブルテレビなどを使った「市民メディア」が湧き起こってきた。ぼくのメディアＤＮＡは、このままＮＨＫにいることを許さず、残りの人生を「メディアを市民に！」の実践に使いたいという、やむにやまれぬ思いに転化し、大学へ転職した。しかし見晴らしのいい大学世界から見ても、「メディア現場」と「視聴者・読者・市民」と「理論・研究」との三者の距離は、予想以上に遠かった。マス・コミュニケーション学会へ参加しても、現場出身の人たちのさまざまな体験は、アカデミズムからは「手柄話」と見なされ、他方、専門的研究者の多くは現場の空気や実態から遠かった。現場でインタビューすればすぐに判るメディア内部の構造や編集の力学を、机上のデータ分析などに頼っているアカデミズムの感覚にも違和感があった。そしてフェミニズムの立場からメディアリテラシーの実践的な研究をリードしていた故・鈴木みどりさんらが、立命館大学に開いてくれた「パブリック・アクセス論」を足場に、思いを同じくする仲間たちと〈パブリック・アクセス〉という領域に踏み入った。詳しく述べる余裕はないが、端的に言えば「市民が主体となるメディア」「コミュニティを形成するメディア」の思想や制度の実践的な研究とでもいうテーマで、日本や世界の「市民メディア」の現場を観察し、普遍化し、つないでいく仕事をめざしたかった。

今やグローバリズムは、世界中で構造的に人間社会を引き裂きつつある。ますます肥え太る既得権層と新しく生み出される貧困層、豊かな中央と貧しい地方、法に守られた勤労者とブラックな非正規労働者、過疎や原発や内戦に追われて生まれてくる移民。こうした構造的な社会の歪みには目をつぶり、社内のコンプライアンス、危機管理、保身的なマニュアル作りに明け暮れている役所のようになってきたメディアは、果たして社会に必要な存在なのだろうか。沈下するプレートに立脚している限り、残念ながら中央集権的メディアシステムは、海底に引きずりこまれていく可能性が高いだろう。これを書いている四月二十日、パリに本部を置く「国境なき記者団」が毎年発表している、各国の「報道の自由度」ランキングで、日本は一八〇の国と地域のうち七二位と、前年の六一位からさらに順位を下げたことが報じられた。日本のマスメディアシステムは深い疲弊の中にある。国際感覚や時代感覚、企画・編集のセンスでも、若い世代とのかい離は覆いがたい。

もとよりNHKでも民放の報道現場にも、志の高い優れた制作者、権力にビクビクしない記者・ディレクターたちは少なくない。スポットライトを浴びてはいなくても、黙ってやるべき仕事をやり、権力が隠そうとしている真実をあぶり出し、不条理に苦しむ人たちに寄り添うジャーナリストや放送職人がしっかり存在していることは、画面・紙面をていねいに見ていけば理解できる。東日本大震災の復興予算の政治的歪みを摘出した、政府の逆鱗にふれそうな番組。原発事故の検証や再稼働をめぐって、ストライクゾーンいっぱいの球を投げる番組。旧海軍軍令部の責任をめぐる「疚しい沈黙」に陥った指導者たちを告発することで、今日の政治やメディア業界の疚しさをも示唆した番組。それら権力の周辺を粘り強く追う報道には、地道な努力と少なからぬ勇気がいることは言をまたない。ぼくは、いつの時代にもそうした隠れた〈仲間〉がいることを、信じて疑わない。

一方で「地方の時代映像祭」や「ギャラクシー賞」のノミネート作品を見れば分かるように、地域のメディアやケーブルテレビでは、東京よりはもっともっと活発な報道、市民・住民に寄り添った番組作りが行われていることは示唆的だ。経済システムにではなく人間のコミュニケーションに寄り添うメディア、新しい市民社会にふさわしいメディアの創出は、新しい精神を持った世代と、コミュニティを担う人たちのメディアDNAとともにあることも確かなことだろう。今回も再取材させていただいた「Daichi」や「目で聴くテレビ」「さがの映像祭」「奄美エフエム」の皆さんに、改めて御礼申し上げます。

また、あえて書き慣れない一人称で書いたので、「ぼく」が強調されてはいるが、多くの困難の中で深い信頼を共有してきたNHKやメディア世界の仲間たち、今も黙々とやるべきことをやっている現場の後輩たちを、とても尊敬し誇りに思っている。この拙い記録のためにレクチャー、協力していただいたNHK・OBのみなさん、原稿に目を通していただいた方々、さらに長らく「市民メディア」の研究や実践を共にしてきた仲間に、ご期待に十分応えられない力不足をお詫びしつつ、厚く御礼申し上げます。

また文中に参照先を記したもののほか、第9章の一部は『ネット時代のパブリック・アクセス』(世界思想社、二〇一一年)、第10章の一部は雑誌『ケーブル新時代』二〇一四年十一月号(NHKエンタープライズ)、第11章の一部は『調査情報』五一七号(TBS、二〇一四年)、第12章の一部は『新・調査情報』六五号(TBS、二〇〇七年)に掲載したものに大幅に加筆・修正しました。記して感謝します。

ただでさえ出版業界が深刻な危機に立っているのに、再びこのようなややこしい本の出版を引き受けていただいた現代書館・菊地泰博さんの熱い侠気と、終始若い感覚で懇切なアドヴァイスをいただいた山本久美子さんの支援とお心遣いに、心から感謝申し上げます。長期間、ぼくのDNAの被害を受けている妻にも感謝しておかなくてはならない。来年の「報道の自由度」ランクを、少しでも回復させることができるよう願いながら。

参考文献

全　体

イースト・プレス特別取材班編『徹底検証！ＮＨＫの真相』イースト・プレス、二〇〇五年
伊豫田康弘ほか『テレビ史ハンドブック』自由国民社、一九九六年
内川芳美『マス・メディア法政策史研究』有斐閣、一九八九年
ＮＨＫ視聴者センター編『モシモシＮＨＫですか』日本放送出版協会、一九九四年
「ＮＨＫ報道の記録」刊行委員会『ＮＨＫ報道の50年――激動の昭和とともに』近藤書店、一九八八年
エリス・クラウス／村松岐夫監訳『ＮＨＫ vs 日本政治』東洋経済新報社、二〇〇六年
小野善邦『本気で巨大メディアを変えようとした男――異色ＮＨＫ会長「シマゲジ」・改革なくして生存なし』現代書館、二〇〇九年
金山勉・津田正夫編『ネット時代のパブリック・アクセス』世界思想社、二〇一一年
島桂次『シマゲジ風雲録――放送と権力・40年』文藝春秋、一九九五年
鈴木秀美・砂川浩慶・山田健太編著『放送法を読み解く』商事法務、二〇〇九年
竹山昭子『戦争と放送――史料が語る戦時下情報操作とプロパガンダ』社会思想社、一九九四年
津田正夫・魚住真司編『メディア・ルネサンス――市民社会とメディア再生』風媒社、二〇〇八年
津田正夫『テレビジャーナリズムの現在――市民との共生は可能か』現代書館、一九九一年
日本放送協会編『20世紀放送史 上・下・年表』ＮＨＫ出版、二〇〇一年

日本民間放送連盟編『民間放送50年史』日本民間放送連盟、二〇〇一年
萩元晴彦・村木良彦・今野 勉『お前はただの現在にすぎない――テレビになにが可能か』田畑書店、一九六九年
林 香里『〈オンナ・コドモ〉のジャーナリズム――ケアの倫理とともに』岩波書店、二〇一一年
原 真『テレビの実像――人気番組の舞台裏から政治的圧力まで』リベルタ出版、二〇一五年
松田 浩『ドキュメント放送戦後史（Ⅰ）』双柿舎、一九八〇年、『同（Ⅱ）』一九八一年
松田 浩『NHK 新版――危機に立つ公共放送』岩波新書、二〇一四年
柳澤恭雄『戦後放送私見――ポツダム宣言・放送スト・ベトナム戦争報道』けやき出版、二〇〇一年
渡辺武達・松井茂記編『メディアの法理と社会的責任』ミネルヴァ書房、二〇〇四年

第1章 劇場型犯罪のピエロとなって――グリコ・森永事件とニュース倫理の崩壊

朝日新聞大阪社会部『緊急報告 グリコ・森永事件』朝日新聞社、一九八五年
一橋文哉『闇に消えた怪人――グリコ・森永事件の真相』新潮社、一九九六年
後藤文康『誤報――新聞報道の死角』岩波新書、一九九六年
宮崎 学『突破者――戦後史の陰を駆け抜けた五〇年』南風社、一九九六年
森下香枝『真犯人――グリコ・森永事件「最終報告」』朝日新聞社、二〇〇七年

第2章 情報商品になったドキュメンタリー――制作現場の改革と軋み

「工藤敏樹の本」を刊行する会『工藤敏樹の本 Ⅰメモワール、Ⅱフィルモグラフィ』工藤敏樹の本を刊行する会、

一九九五年
小林紀興『ＮＨＫ特集を読む――看板番組はこうして作られる』光文社、一九八八年
萩野靖乃『テレビもわたしも若かった』武蔵野書房、二〇一三年

第３章　ＮＨＫ民営化未遂事件――民営と国営のはざまで

粟津孝幸『ＮＨＫ民営化論』日刊工業新聞社、二〇〇〇年
池田恵理子・戸崎賢二・永田浩三『ＮＨＫが危ない！――「政府のＮＨＫ」ではなく、「国民のためのＮＨＫ」へ』あけび書房、二〇一四年
上村達男『ＮＨＫはなぜ反知性主義に乗っ取られたのか』東洋経済新報社、二〇一五年

第４章「女は何を食ってるんだろう？」――報道現場に女性が現れた日

井上輝子「メディアが女性をつくる？　女性がメディアをつくる？」『新編 日本のフェミニズム７』岩波書店、二〇〇九年
日本女性放送者懇談会編『放送ウーマンのいま――厳しくて面白いこの世界』ドメス出版、二〇一一年
林 香里・谷岡理香編著『テレビ報道職のワーク・ライフ・アンバランス――13局男女30人の聞き取り調査から』大月書店、二〇一三年

第５章「その取材を中止せよ」――児玉機関の亡霊に慄く政治家

児玉誉士夫『風雲 上・中・下』日本及日本人社、一九七二年

龍村仁『キャロル闘争宣言――ロックンロールテレビジョン論』田畑書店、一九七五年
坪井良平『梵鐘と古文化』ビジネス教育出版社、一九九三年
放送を語る会『安保法案 テレビニュースはどう伝えたか――検証・政治権力とテレビメディア』かもがわ出版、二〇一六年
メディア総合研究所『放送中止事件50年――テレビは何を伝えることを拒んだか』花伝社、二〇〇五年
リン・H・ニコラス著／高橋早苗訳『ヨーロッパの略奪――ナチス・ドイツ占領下における美術品の運命』白水社、二〇〇二年

第6章　ピョンヤンの再会――霧の中の北朝鮮残留孤児たち

城戸久枝『あの戦争から遠く離れて――私につながる歴史をたどる旅』情報センター出版局、二〇〇七年
野田峯雄『破壊工作――大韓航空機「爆破」事件の真相！』宝島社文庫、二〇〇四年
藤原てい『流れる星は生きている』日比谷出版社、一九四九年（現在、偕成社版）

第7章　家族崩壊のリトマス試験紙――霊感商法とのせめぎ合い

有田芳生『「神の国」の崩壊――統一教会報道全記録』教育史料出版会、一九九七年
エズラ・F・ヴォーゲル／広中和歌子、木本彰子訳『ジャパン アズ ナンバーワン――アメリカへの教訓』TBSブリタニカ、一九七九年
久保木修己『美しい国 日本の使命――久保木修己遺稿集』世界日報社、二〇〇四年
霊感商法被害者救済担当弁護士連絡会編『証言記録1 告発統一協会・霊感商法』晩稲社、一九八九年、『同2』

一九九一年

第8章　「一五年戦争に勝利した！」――〝Xデー〟報道とL字型ワイプ

葛谷 茂『天皇崩御 ドキュメント昭和の終焉』NESCO、一九八九年
天皇報道研究会『天皇とマスコミ報道』三一書房、一九八九年
日本新聞協会「座談会／皇室報道の現状と課題」『新聞研究』一九八九年五月号
原 武史『「昭和天皇実録」を読む』岩波新書、二〇一五年
マスコミ市民編『ドキュメント「昭和」の終わり全報道記録』マスコミ市民、一九八九年
マスコミ市民編『特集「天皇」とマスコミ』マスコミ市民、一九八九年

第9章　メディアを奪い返してきた人たち――言論・表現の公民権運動

アメリカの市民とメディア調査団『アメリカの市民とメディア2010』二〇一一年
韓国の市民とメディアと社会運動調査団『韓国の市民とメディアと社会運動レポート』二〇一一年
市民とメディア調査団報告書『アメリカの市民とメディア』一九九八年、同『ヨーロッパの市民とメディア』二〇〇二年、同『カナダの市民とメディア』二〇〇四年、同『台湾の市民とメディア』二〇〇八年、
津田正夫「アメリカの『メディアリフォーム』運動」『放送レポート』二二八号、大月書店、二〇一一年
平塚千尋「アメリカのパブリック・アクセス」津田正夫・平塚千尋編『新版 パブリック・アクセスを学ぶ人のために』世界思想社、二〇〇六年
堀部政男『アクセス権』東京大学出版会、一九七七年

ローラ・R・リンダー／松野良一訳『パブリック・アクセス・テレビ　米国の電子演説台』中央大学出版部、一九九九年

第10章　市民テレビ局は町をおこせるか――「地域密着」のリアリティ

北郷裕美『コミュニティＦＭの可能性――公共性・地域・コミュニケーション』青弓社、二〇一五年
『ケーブル新時代』各号、ＮＨＫエンタープライズ
児島和人・宮崎寿子編著『表現する市民たち――地域からの映像発信』日本放送出版協会、一九九八年
災害とコミュニティラジオ研究会『小さなラジオ局とコミュニティの再生――３・11から962日の記録』大隅書店、二〇一四年
畑仲哲雄『地域ジャーナリズム――コミュニティとメディアを結びなおす』勁草書房、二〇一四年
松本恭幸『コミュニティメディアの新展開――東日本大震災で果たした役割をめぐって』学文社、二〇一六年

第11章　つながりたい、分かり合いたい――越境するろう者の映像祭

梅田ひろ子「『目で聴くテレビ』がめざす放送バリアフリー」金山・津田前掲書、二〇一一年
現代思想編集部編『ろう文化』青土社、二〇〇〇年
日本手話研究所編『手話・言語・コミュニケーション』各号、文理閣、二〇一四年〜二〇一六年
さがの聴覚障害者映像祭　http://www.com-sagano.com/2013eizo.html
目で聴くテレビ　http://www.medekiku.jp/

第12章　島ッチュたちの音楽一揆――あまみエフエムからのメッセージ

小川学夫『奄美シマウタへの招待』春苑堂出版、一九九九年
加藤晴明・寺岡伸悟「奄美大島の唄文化と文化メディエーター」『中京大学現代社会学部紀要』七（二）九三－一二六、二〇一四年
金山智子「離島のコミュニティ形成とコミュニケーションの発達 奄美大島編」『Journal of Global Media Studies』第三号、二〇〇八年
北郷裕美、前掲書（第10章参照）
喜山荘一『奄美自立論――四百年の失語を越えて』南方新社、二〇〇九年
災害とコミュニティラジオ研究会、前掲書（第10章参照）
津田正夫「「コミュニケーションをつくりだす力」をめぐって――メディア発信の臨界的周縁から」『立命館産業社会論集』四二巻四号、立命館大学、二〇〇七年
豊山宗洋「奄美の島おこしにおける組織づくりの研究――ライブ活動からコミュニティＦＭへ」『大阪商業大学論集』第七巻三号、二〇一二年
松本恭幸、前掲書（第10章参照）

終　章　ＮＨＫは誰のものか――コミュニケーション資源を市民社会へ

東 浩紀・濱野智史編『ised 情報社会の倫理と設計 倫理編』河出書房新社、二〇一〇年
池田信夫『電波利権』新潮新書、二〇〇六年
上村達男、前掲書（第3章参照）

魚住真司「米国パブリック・アクセスの伝統とその現在」津田・魚住編前掲書、二〇〇八年
津田正夫「メディア主体としての市民運動の形成——市民メディア・ネットワークの誕生前史」津田・魚住前掲書、二〇〇八年
放送を語る会、前掲書（第5章参照）
松浦さと子・川島隆編著『コミュニティメディアの未来——新しい声を伝える経路』晃洋書房、二〇一〇年
メディア総合研究所／放送レポート編集委員会編『公正中立がメディアを殺す』大月書店、二〇一六年
ユルゲン・ハーバーマス／細谷貞雄・山田正行訳『公共性の構造転換』未来社、一九七三年
「特集 メディアは誰のものか NHK問題」『現代思想』三四巻四号、青土社、二〇〇六年

認する閣議決定。朝日新聞「東電・吉田調書」「慰安婦・吉田清治証言」報道で謝罪。自民党、NHKと民放キー局へ選挙報道要望書

2015 自民党文化芸術懇話会「広告削減でマスコミを懲らしめよ」「沖縄の2紙をつぶせ」発言

政府、NHK（『クローズアップ現代』のヤラセ疑惑）とテレビ朝日（『報道ステーション』での古賀茂明氏の発言）を事情聴取し、NHKに厳重注意処分。BPO放送倫理検証委員会と放送人権委員会「与党の圧力は好ましくない」と批判

2016 高市総務相「政治的公平を欠く放送を繰り返したら、電波停止も」。新年度番組、TBS・岸井成格、NHK・国谷裕子、テレ朝・古舘伊知郎キャスター降板

「OurPlanet-TV」開局。
2002　SNS 開始。ブログ、ポッドキャスティングブーム
2003　イラク戦争での「エンベッド報道」。武力攻撃事態法で、テレビは「指定公共機関」。市民記者によるネット新聞「JanJan」創刊。NPO 初のコミュニティ FM「京都コミュニティ放送」放送局免許。個人情報保護法成立（05 施行）
2004　NHK 受信料不正使用に批判。「フジ vs ライブドア」「TBS vs 楽天」問題。名古屋市で第 1 回市民メディア全国交流集会開催（以降、同年第 2 回米子、05 年第 3 回熊本県山江村、06 年第 4 回横浜、07 年第 5 回札幌、08 年京都、09 年東京、10 年三鷹、11 年仙台、12 年上越、13 年大阪、14 年愛知・刈谷、15 年京都、16 年沖縄（予定）。「チャンネル Daichi」放送開始
2005　愛知万博でネット市民放送局による情報発信
2006　インターネット新聞「オーマイニュース」創刊（～ 09）。モバイルサービス開始
2007　関西テレビ「発掘！あるある大事典Ⅱ」問題。世界コミュニティラジオ放送連盟 AMARC 日本協議会発足
2008　洞爺湖サミットで市民による「G8 メディアネットワーク」活動（札幌）
2009　民主党政権、通信・放送の独立行政委員会の新設を提言
2000年代後半　YouTube、ニコニコ動画、Ustream、Twitterなどでの発信ブーム
2010　放送法改正、ネットも「公然通信」に。尖閣諸島中国漁船衝突事件の映像、YouTube へ流出
2011　東日本大震災・福島原発事故で「大本営報道」。被災各地 30 エリアにコミュニティ FM 開設。アラブ市民革命で facebook 活用（10 ～）。地上波デジタル化（03 ～）「スマホ」爆発的人気
2012　衆院選前に安倍自民党総裁「ニコニコ動画（生放送）」で党首討論
2013　国家安全保障会議設置。特定秘密保護法成立（14 施行）。安倍政権のもとで NHK 経営委員の入れ替え。NHK 経営委員会、新会長に籾井勝人を任命
2014　NHK 籾井就任会見「（国際放送で）政府が右と言うことを左と言うわけにはいかない」。安倍政権、集団的自衛権の行使を容

反論権認めず
1989 山形国際ドキュメンタリー映画祭始まる
1990 民間衛星放送開始
1991 日本民間放送連盟『2000年の放送ビジョン』で「視聴者のメディア参加」に言及
1992 放送法改正により、コミュニティFM制度化。「FMいるか」(函館) 放送開始。「中海テレビ放送」(米子市) で『パブリック・アクセス・チャンネル』開始
1993 テレビ朝日"椿発言問題"で国会喚問。CATVの規制緩和でコミュニティチャンネル増加
1994 松本サリン事件で誤報。携帯電話爆発的に普及
1995 阪神・淡路大震災。「FMもりぐち」で震災放送。以後コミュニティFM急増。外国人対象の「FMユーメン」「FMヨボセヨ」無許可で放送、1年後「FMわぃわぃ」へ。ウインドウズ95発売
1996 「多チャンネル時代における視聴者と放送に関する懇談会」報告書。CSデジタル放送開始。熊本で住民ディレクター運動始まる
1997 「放送と人権等権利に関する委員会機構 (BRO)」設立 (現・BPO)。「市民メディア調査団」がアメリカのパブリック・アクセスなど視察 (以降、2001ヨーロッパ、2003カナダ、2008台湾の視察と報告)
1998 NPO法施行。「KBS京都アクセスクラブ」が市民スポンサー番組「京都大好きラジオ」を企画。CS障害者放送統一機構「目で聴くテレビ」実験放送開始 (01～KBS京都などで放送)
1999 「日本福祉放送」CSテレビ放送開始。CATV160局「ケーブルテレビ衛星機構」『C channel』放送開始
2000 「むさしのみたか市民テレビ局」開局。住民制作番組『新発見伝くまもと』開始 (熊本朝日放送)。メディアアクセス推進協議会開催 (名古屋)。「放送分野における青少年とメディアリテラシーに関する調査研究会」
2001 NHK『ETV2001』「シリーズ 戦争をどう裁くか～問われる戦時性暴力」への政治介入とカット事件。情報公開法施行。「9・11事件」でメディア規制の動き活発化。ネット市民放送

年表　日本の放送・メディア略史

1925　日本でラジオ放送開始
1945　NHKラジオ『街頭録音』開始（当初は『街頭にて』、～58）。GHQによるプレスコード
1947　新憲法発布。言論・表現の自由を保障。放送制度をめぐりGHQと政府応酬
1950　電波三法施行。電波監理委員会設置（～52）
1951　民間放送誕生
1953　テレビ放送開始
1955　群馬県伊香保に初のCATV共聴施設
1963　岐阜県郡上郡八幡町で初のCATV自主放送開始
1966　下田ケーブルテレビ自主制作開始。以後70年代にかけて各地にCATV開局
1969　博多駅事件。裁判でのNHK福岡局など4局に対するフィルム提出命令、翌年フィルム押収
60年代末　ベトナム戦争関連など放送中止事件の多発。市民・放送労働組合などのマスコミ批判の運動
1970年代　アメリカのパブリック・アクセス運動、アクセス権論などの論文紹介
1970　「NHK視聴者会議」受信料不払い運動
1972　沖縄密約事件。知る権利論争が起きる
1973　有線テレビ放送法施行
1975　NHKでアクセス番組『あなたのスタジオ』放送（～78）
1978　東京ビデオフェスティバル（TVF）始まる（～2009）
1981　「FCT（市民とテレビフォーラム）」メディアリテラシー運動開始。このころから各地でミニFMを使った「自由ラジオ」運動が起きる
1984　ロス疑惑事件、グリコ・森永事件など“劇場報道”問題化
1980年代後半　家庭用ビデオカメラの登場・普及、8ミリフィルムからビデオへ
1987　多チャンネル型CATV各地で開設ラッシュ
サンケイ新聞意見広告訴訟（～73）の最高裁判決、新聞への

津田正夫（つだ・まさお）

一九四三年、石川県金沢市生まれ。六六年、NHK入局。福井・岐阜・名古屋・東京で、主に報道番組のディレクター、プロデューサーとして制作、開発などに携わる。九五年から、東邦学園短期大学教授、二〇〇二年〜一三年、立命館大学産業社会学部教授。世界のパブリック・アクセス制度の調査と紹介に努める。

「市民とメディア研究会・あくせす」「市民メディア全国交流協議会」を拠点に市民メディアの制度化を提案。岐阜市NPO「てにておラジオ」代表。

主な著書に『ネット時代のパブリック・アクセス』（共編著、世界思想社）、『メディア・ルネサンス』（共編著、風媒社）、『谷中村村長　茂呂近助』（共編著、随想舎）、『テレビ・ジャーナリズムの現在』（編著、現代書館）などがある。

ドキュメント「みなさまのNHK」
——公共放送《こうきょうほうそう》の原点《げんてん》から

二〇一六年六月二十五日　第一版第一刷発行

著　者　津田正夫
発行者　菊地泰博
発行所　株式会社 現代書館
東京都千代田区飯田橋三—二—五
郵便番号　102-0072
電　話　03（3221）1321
FAX　03（3262）5906
振　替　00120-3-83725

組　版　具羅夢
印刷所　平河工業社（本文）
東光印刷所（カバー）
製本所　積信堂
装　幀　伊藤滋章

校正協力・高梨恵一
©2016 TSUDA Masao Printed in Japan ISBN978-4-7684-5785-6
定価はカバーに表示してあります。乱丁、落丁本はおとりかえいたします。
http://www.gendaishokan.co.jp/